uni—texte

Lehrbücher

G. M. Barrow, Physikalische Chemie I, II, III
W. L. Bontsch-Brujewitsch / I. P. Swaigin / I. W. Karpenko / A. G. Mironow,
Aufgabensammlung zur Halbleiterphysik
L. Collatz / J. Albrecht, Aufgaben aus der Angewandten Mathematik I, II
W. Czech, Übungsaufgaben aus der Experimentalphysik
H. Dallmann / K.-H. Elster, Einführung in die höhere Mathematik
M. Denis-Papin / G. Cullmann, Übungsaufgaben zur Informationstheorie
M. J. S. Dewar, Einführung in die moderne Chemie
N. W. Efimow, Höhere Geometrie I, II
A. P. French, Spezielle Relativitätstheorie
D. Geist, Halbleiterphysik I, II
W. L. Ginsburg / L. M. Levin / S. P. Strelkow, Aufgabensammlung der Physik I
P. Guillery, Werkstoffkunde für Elektroingenieure
E. Hàla / T. Boublik, Einführung in die statistische Thermodynamik
J. G. Holbrook, Laplace-Transformationen
I. E. Irodov, Aufgaben zur Atom- und Kernphysik
D. Kind, Einführung in die Hochspannungs-Versuchstechnik
S. G. Krein / V. N. Uschakowa, Vorstufe zur höheren Mathematik
H. Lau / W. Hardt, Energieverteilung
R. Ludwig, Methoden der Fehler- und Ausgleichsrechnung
E. Meyer / E.-G. Neumann, Physikalische und technische Akustik
E. Meyer / R. Pottel, Physikalische Grundlagen der Hochfrequenztechnik
E. Poulsen Nautrup, Grundpraktikum der organischen Chemie
L. Prandtl / K. Oswatitsch / K. Wieghardt, Führer durch die Strömungslehre
J. Ruge, Technologie der Werkstoffe
W. Rieder, Plasma und Lichtbogen
H. Seiffert, Einführung in das wissenschaftliche Arbeiten
F. G. Taegen, Einführung in die Theorie der elektrischen Maschinen I, II
W. Tutschke, Grundlagen der Funktionentheorie
W. Tutschke, Grundlagen der reellen Analysis I, II
H.-G. Unger, Elektromagnetische Wellen I, II
H.-G. Unger, Quantenelektronik
H.-G. Unger, Theorie der Leitungen
H.-G. Unger / W. Schultz, Elektronische Bauelemente und Netzwerke I, II, III
B. Vauquois, Wahrscheinlichkeitsrechnung
W. Wuest, Strömungsmeßtechnik

Skripten

J. Behne / W. Muschik / M. Päsler,
Ringvorlesung zur Theoretischen Physik, Theorie der Elektrizität
H. Feldmann, Einführung in ALGOL 60
O. Hittmair / G. Adam, Ringvorlesung zur Theoretischen Physik, Wärmetheorie
H. Jordan / M. Weis, Asynchronmaschinen
H. Jordan / M. Weis, Synchronmaschinen I, II
G. Lamprecht, Einführung in die Programmiersprache FORTRAN IV
E. Macherauch, Praktikum in Werkstoffkunde
Pudlatz / Kamp, Einführung in die Programmiersprache PL/1
E.-V. Schlünder, Einführung in die Wärme- und Stoffübertragung
W. Schultz, Einführung in die Quantenmechanik
W. Schultz, Dielektrische und magnetische Eigenschaften der Werkstoffe

Bernard Vauquois

Wahrscheinlichkeitsrechnung

uni—text

Bernard Vauquois

Wahrscheinlichkeits-rechnung

Lehrbuch für
Mathematiker und Physiker ab 4. Semester

Mit 42 Bildern, 31 Übungen und 8 Aufgaben mit Lösungen

Springer Fachmedien Wiesbaden GmbH

Bernard Vauquois ist Professor an der naturwissenschaftlichen Fakultät in Grenoble. Seine Lehrtätigkeit umfaßt vor allem die Informatik (Logik und Automatentheorie); seine Forschungstätigkeit liegt auf dem Bereich der mathematischen Linguistik.

Titel der französischen Originalausgabe:
Probabilités
Copyright © 1969 by HERMANN, Paris

Prof. F. Cap u. Mitarbeiter, Innsbruck

Verlagsredaktion: Alfred Schubert, Willy Ebert

1973

Satz: Friedr. Vieweg + Sohn, Braunschweig

Umschlaggestaltung: Peter Kohlhase, Lübeck

ISBN 978-3-528-03547-1   ISBN 978-3-322-86409-3 (eBook)
DOI 10.1007/978-3-322-86409-3

Vorwort

In diesem Buch wird ein mathematisches Werkzeug dargestellt und es wird gezeigt, wie
man dieses auf konkrete Probleme anwendet.

Die Theorie der Wahrscheinlichkeiten wurde daher als mathematisches Modell zufälliger
Erscheinungen dargeboten. Wie jedes Modell wird auch dieses ausgehend von gewissen
Begriffen (wie „Versuch", „Ereignis", „Wahrscheinlichkeit" usw.) mit Hilfe eines Satzes
von Axiomen aufgebaut. Es ist nötig zuerst die unentbehrlichen grundlegenden Begriffe
aufzuzeigen, deren Eigenschaften zu studieren und hierauf zu verallgemeinern, um daraus
schließlich einen axiomatischen Aufbau der Theorie zu finden. Man muß dabei stets
Sorge tragen, daß das mathematische Modell dem physikalischen Phänomen, das es darstellen soll, angepaßt bleibt.

Dieses Buch richtet sich vor allem an die Studierenden. Daraus folgt, daß nur solche
mathematischen Hilfsmittel zur Entwicklung der Theorie herangezogen werden, die diese
Studierenden beherrschen. Insbesondere wurde zur Darstellung einer Wahrscheinlichkeitsverteilung auf den Begriff der „charakteristischen Funktion" verzichtet, weil deren sich
auf die Fourier-Transformation beziehende Eigenschaften weit über die geforderten Kenntnisse hinaus führen. Diese Einschränkung hinsichtlich der Mittel führt manchmal zu schwer-
fälligen Beweisen für gewisse Theoreme (z.B. die Stabilität der Poisson-Verteilung und der
Normalverteilung) und verbietet gewisse Darlegungen (zentraler Grenzwertsatz bei den
Konvergenzproblemen).

Immerhin zeigen die in diesem Band aufgenommenen Übungen und Aufgaben, wie man
mit Hilfe von relativ elementaren Mitteln auch komplizierte Probleme der Wahrscheinlichkeitsrechnung lösen kann.

Besondere Betonung liegt auf der „Aufstellung der Gleichungen eines Problems", d.h. auf
der Übersetzung der Aussagen bezüglich eines konkreten auf Zufall beruhenden Phänomens,
wie es von Ingenieuren, Physikern, Chemikern, Genetikern, Wirtschaftswissenschaftlern
u.a. angetroffen wird, in die Sprache der Wahrscheinlichkeitstheorie.

Dieses Werk verdankt viel dem Personal der Abteilung Angewandte Mathematik an der
naturwissenschaftlichen Fakultät Grenoble. Zahlreiche Aufgaben und Übungen stammen
aus dem von Assistenten und Lehrbeauftragten im Laufe der letzten zehn Jahre gesammelten
Materials.

M. J. Kuntzmann, der Gründer und Teamleiter der Abteilung Angewandte Mathematik,
hat durch Beratungen über den Inhalt und die Form viel zum Entstehen dieses Werkes bei-
getragen. Der Autor möchte ihm dafür herzlich danken.

Bernard Vauquois

Inhaltsverzeichnis

1.	Der Begriff der Wahrscheinlichkeit. Allgemeine Theoreme	1
1.1.	Einleitung	1
1.2.	Ereignisse und Versuche	1
1.3.	Die Logik der Ereignisse	3
1.3.1.	Definition von Operationen auf der Menge der Ereignisse	3
1.3.2.	Eigenschaften der Operationen auf der Menge der Ereignisse	5
1.3.3.	Ereignisalgebren	5
1.3.4.	Das sichere Ereignis – das unmögliche Ereignis	6
1.4.	Der Begriff der Wahrscheinlichkeit für ein Ereignis	6
1.4.1.	Das Prinzip der Homogenität und der Symmetrie	6
1.4.2.	Das Prinzip der relativen Häufigkeiten	7
1.4.3.	Bemerkungen zu den vorangehenden Definitionen	8
1.4.4.	Übungen	8
1.4.5.	Geometrische Wahrscheinlichkeiten	13
1.4.6.	Übungen	15
1.5.	Axiomatische Begründung der Wahrscheinlichkeitstheorie	19
1.5.1.	Axiome	19
1.5.2.	Folgerungen aus den Axiomen	19
1.5.3.	Basis der Wahrscheinlichkeit	20
1.6.	Theoreme über totale Wahrscheinlichkeiten	21
1.7.	Gebundene Ereignisse – bedingte Wahrscheinlichkeiten	22
1.7.1.	Definitionen – Zusammengesetzte Wahrscheinlichkeiten	22
1.7.2.	Die Unabhängigkeit von Ereignissen	25
1.8.	Übungen	26
1.9.	Das Problem der Wahrscheinlichkeit der Ursachen – Das Theorem von Bayes	35
2.	Zufallsvariable	38
2.1.	Der Begriff der Zufallsvariablen und die Wahrscheinlichkeitsverteilung	38
2.2.	Übungen	40
2.3.	Eigenschaften der Verteilungsfunktion	43
2.4.	Die gleichmäßige Verteilung	45
2.5.	Erwartungswert – Mittelwert – Momente	46
2.5.1.	Der Erwartungswert einer Zufallsvariablen	46
2.5.2.	Der Erwartungswert einer Funktion einer Zufallsvariablen	46
2.5.3.	Spezialfälle: Die Momente	47
2.6.	Übungen	48
2.7.	Die Ungleichung von Bienaymé – Tschebyscheff	50
2.8.	Zufallsvariable – Funktion einer Zufallsvariablen	52
2.9.	Übungen	54
2.10.	Die bedingte Wahrscheinlichkeit eines mit einer Zufallsvariablen verbundenen Ereignisses	59

3.   **Paare von Zufallsvariablen**   63
3.1.   Definition   63
3.2.   Diskrete Paare   63
3.3.   Allgemeiner Fall   65
3.3.1.   Absolut stetige Paare von Zufallsvariablen   65
3.3.2.   Bedingte Verteilungsfunktion   66
3.4.   Unabhängigkeit von zwei Zufallsvariablen   70
3.5.   Zufallsvariable – Funktion von Zufallsvariablen   72
3.6.   Übungen   77
3.7.   Erwartungswert und Momente   82
3.8.   Theoreme über die Mittelwerte   84
3.8.1.   Der Erwartungswert einer Summe von Zufallsvariablen   84
3.8.2.   Der Erwartungswert eines Produktes von unabhängigen Zufallsvariablen   85
3.8.3.   Der Erwartungswert einer Konstanten und des Produkts einer Zufalls-
              variablen mit einer Konstanten   86
3.8.4.   Die Varianz einer Konstanten   87
3.8.5.   Die Varianz von c. X, wenn c eine Konstante ist   87
3.8.6.   Die Varianz einer Summe von zwei unabhängigen Zufallsvariablen   87
3.9.   Der Korrelationskoeffizient   88
3.10.   Übungen   90

4.   **Wichtige Wahrscheinlichkeitsverteilungen**   98
4.1.   Die Binomialverteilung   98
4.1.1.   Herkunft   98
4.1.2.   Darstellung der Binomialverteilung   99
4.1.3.   Bernoulli-Variable   100
4.1.4.   Momente der Binomialverteilung   100
4.2.   Die Pascalsche Verteilung   101
4.2.1.   Herkunft   101
4.2.2.   Darstellung der Pascalschen Verteilung   101
4.2.3.   Momente der Pascalschen Verteilung   102
4.3.   Die Poisson-Verteilung   104
4.3.1.   Definition   104
4.3.2.   Momente der Poisson-Verteilung   104
4.3.3.   Die Stabilität der Poisson-Verteilung   105
4.3.4.   Der Poisson-Prozeß   106
4.4.   Übungen   109
4.5.   Die Laplace-Gauß-Verteilung   112
4.5.1.   Definition   112
4.5.2.   Momente   113
4.5.3.   Die Stabilität der Normalverteilung   115
4.6.   Übungen   116
4.7.   Die Normalverteilung in zwei Dimensionen   118

5.   **Konvergenzprobleme**   120

5.1.   Die stochastische Konvergenz und das schwache Gesetz der großen Zahlen   120
5.1.1.   Definition   120
5.1.2.   Das Theorem von Tschebyscheff   121
5.1.3.   Das Theorem von Bernoulli   122
5.2.   Konvergenz der Verteilung nach – Grenzverteilungen   123
5.2.1.   Definition   123
5.2.2.   Das Theorem von Moivre   123
5.2.3.   Das Theorem von Poisson   128
5.3.   Der Begriff der fast sicheren Konvergenz   129

Anhang

Aufgabe 1   131
Aufgabe 2   134
Aufgabe 3   139
Aufgabe 4   144
Aufgabe 5   154
Aufgabe 6   158
Aufgabe 7   162
Aufgabe 8   167

1. Der Begriff der Wahrscheinlichkeit. Allgemeine Theoreme

1.1. Einleitung

Ohne Zweifel verdankt die Wahrscheinlichkeitsrechnung ihre große Bedeutung ihrer vielfachen Anwendbarkeit. Zu Beginn ihrer Entstehung in der Mitte des 17. Jahrhunderts hat man sie oft nur als „Rezept" für das Verhalten bei Glücksspielen angesehen. Seither hat sie jedoch zahlreichen anderen Zwecken gedient. Besonderes Interesse fand die Untersuchung von Phänomenen, welche eine große Zahl von gleichartigen Objekten so ins Spiel bringen, daß dadurch die Gesetze evident werden, die das Verhalten der Menge dieser Objekte charakterisieren. Eine konsequente Anwendung dieses Gedankens führt zur mathematischen Statistik, deren Rolle in zahlreichen Zweigen der Wissenschaft und im täglichen Leben niemand mehr übersehen kann.

Man kann die Theorie der Wahrscheinlichkeiten auch als Wissenschaft betrachten, die das Studium „zufälliger" Phänomene zum Gegenstand hat. Der Begriff der zufälligen Phänomene wird gemeinsam mit anderen Begriffen in der Folge erklärt werden. Ausgehend von der Beobachtung kann man gewisse Konzepte definieren und daraus Eigenschaften ableiten. Diesen Weg wollen wir bezüglich der Begriffe einhalten, die der Reihe nach im Bereich unserer Untersuchungen auftreten werden.

1.2. Ereignisse und Versuche

Der *Begriff des Ereignisses* ist ein grundlegender Begriff. Man kann sagen, daß alles, was die Eigenschaft besitzt, eintreffen zu können oder nicht eintreffen zu können, ein Ereignis ist. Da es sich um einen grundlegenden Begriff handelt, kann man ihn nur dadurch erklären, daß man Beispiele angibt, von denen ausgehend der abstrakte Begriff ableitbar ist.

So ist etwa an einem bestimmten Ort der Erdoberfläche zu einem bestimmten Zeitpunkt der Regen ein Ereignis. Es kann an diesem Punkt zu dieser bestimmten Zeit regnen oder nicht regnen.

Wirft man eine Münze hoch, so ist das Liegenbleiben in der Lage „Kopf" ein Ereignis.

Man stelle sich vor dem Eingang eines Warenhauses auf und beobachte zehn Minuten lang die Ankunft von Kunden. „Der Eintritt von 5 Personen" ist ein Ereignis, denn die Zahl der eingetretenen Personen kann 5 sein oder nicht. Der Begriff eines Ereignisses läßt sich mit einem grundlegenden Begriff anderer Art in Beziehung bringen, nämlich mit dem Begriff der *„Aussage"*. Als Aussage bezeichnet man eine Behauptung, der man den Wert „wahr" oder den Wert „falsch" zuordnen kann. Man sieht so, daß dem Ereignis „Regen" in dem oben betrachteten Beispiel die Aussage „es regnet" zugeordnet ist, die mit dem Wert „wahr" belegt ist.

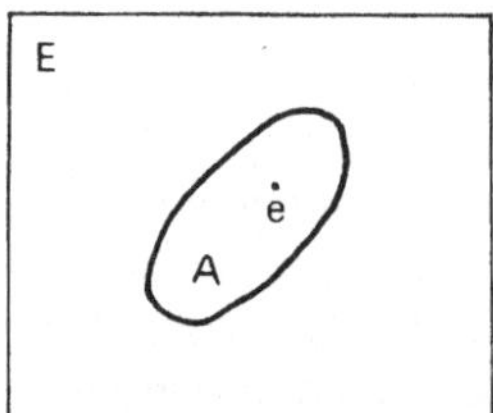

Bild 1.1

Zugleich mit der Konstruktion eines Aussagenkalküls ergibt sich auch die Gelegenheit für die Entwicklung eines Ereigniskalküls.

Wenn ein Ereignis eintritt (oder nicht eintritt), so geschieht das als Folge eines gewissen Prozesses, der die für das Eintreten des Ereignisses günstigen (oder ungünstigen) Bedingungen nach sich zieht. Die Menge der Bedingungen, die zum Eintreten des Ereignisses führen (oder nicht), nennt man einen „*Versuch*". Jedes Ereignis, das als Ausgang eines Versuches erscheint, heißt „*Versuchsergebnis*". Die Versuchsergebnisse gehören zur Menge der Ereignisse, die unter den Versuchsbedingungen möglich sind. Diese Grundmenge bezeichnet man als *Menge der Komponenten* des Versuches.

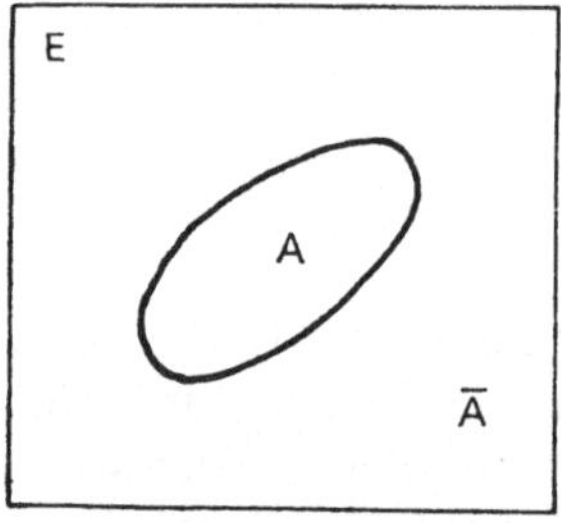

Bild 1.2

Jede Komponente des Versuches ist ein Ereignis, das man als „*Elementarereignis*" bezeichnet. Wenn E die Menge der Elementarereignisse eines Versuches *E* ist, so bezeichnet man allgemein jede Teilmenge von E, die gewissen später noch zu erklärenden Bedingungen genügt, als Ereignis.

Die Elementarereignisse (Komponenten des Versuches) „*schließen sich immer gegenseitig aus*". Man sagt auch, sie seien miteinander „*unverträglich*", d.h. wenn eines davon als Versuchsergebnis eintritt, so können alle anderen nicht mehr als Ausgang des Versuches erscheinen.

Beliebige Ereignisse, die Teilmengen von E sind, heißen ebenfalls unverträglich, wenn sie disjunkte Teilmengen von E bilden.

Um diese Begriffe zu festigen, betrachten wir einige Beispiele, bei denen jede Teilmenge
von E ein Ereignis ist. (Das gilt immer, wenn E eine endliche Menge ist.)

Beispiel 1. Der Versuch E besteht aus dem Wurf eines Würfels auf einem Tisch. Der Versuch ist beendet, sobald der Würfel auf dem Tisch zur Ruhe gelangt ist. Man interessiert
sich dann für seine obere Fläche, die das Ergebnis des Versuchs festlegt. Die Menge der
Versuchskomponenten (oder die Menge der Elementarereignisse) wird hier von den sechs
Würfelflächen gebildet. Wenn die Flächen mit 1 bis 6 numeriert sind, so kann man sich
für die sechs Ereignisse interessieren, die den sechs Zahlen entsprechen.

In diesem Fall sind alle betrachteten Ereignisse Elementarereignisse. Man interessiert sich
jedoch auch für andere Ereignisse, z.B. für das Ereignis „der Würfel zeigt eine gerade Zahl",
oder „der Würfel zeigt eine Zahl größer als 2" usw. Solche Ereignisse entsprechen den
Teilmengen von E und sind keine Elementarereignisse mehr.

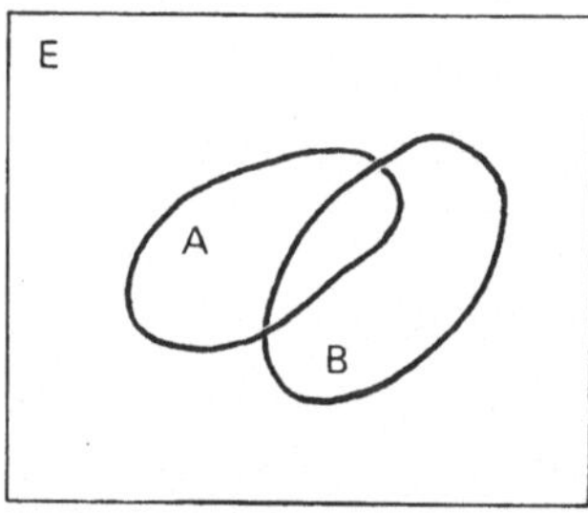

Bild 1.3

Beispiel 2. Es seien nun zwei Würfel A und B vorhanden, deren Flächen die Zahlen 1 bis 6
tragen. Der Versuch besteht im unabhängigen Werfen beider Würfel nacheinander. Das
Versuchsergebnis wird durch die obersten Flächen von A und B bestimmt.

Die Menge E der Versuchskomponenten besteht hier aus den 36 möglichen Kombinationen
je einer Fläche von A mit einer Fläche von B.

Die Ereignisse, für die man sich interessiert, sind die Werte der Summe der Augen beider
Würfel. Diese Ereignisse sind Teilmengen von E.

1.3. Die Logik der Ereignisse

1.3.1. Definition von Operationen auf der Menge der Ereignisse

Wir betrachten den Versuch E mit der Menge E von Elementarereignissen. Es sei A ein
Ereignis, also eine Teilmenge von E. Schließlich sei e $\in$ E ein Versuchsergebnis.

Wenn e $\in$ A, so ist das Ereignis A eingetreten.

Wenn e $\notin$ A, so ist das Ereignis A nicht eingetreten. Man sagt in diesem Fall, daß das zu A
„*entgegengesetzte*" Ereignis Ā eingetreten sei. Ā ist das Komplement von A bezüglich E
und ist ebenfalls ein Ereignis.

Wir bezeichnen durch p(A) die Aussage „das Ereignis A ist eingetreten".

Wenn das Ereignis A nicht eingetreten ist, so ist die Aussage p(A) falsch. Daher ist die Negation dieser Aussage wahr, die wir durch $\neg$ p(A) bezeichnen wollen (gelesen: nicht p(A)). Diese Aussage ist äquivalent zu p($\overline{\text{A}}$). Man drückt das aus durch

$$\neg\, p(A) \longleftrightarrow p(\overline{A}) \tag{1.1}$$

was bedeuten soll, daß $\neg$ p(A) und p($\overline{\text{A}}$) entweder gleichzeitig wahr oder gleichzeitig falsch sind.

Es seien A und B zwei Ereignisse: $A \subset E, B \subset E$. Durch $A \cup B$ (gelesen: A oder B) bezeichnet man das Ereignis, das eintritt, wenn entweder A eintritt oder wenn B eintritt (oder wenn beide eintreten).

Wenn p und q zwei Aussagen sind, so ist die Aussage $p \vee q$ (gelesen: p oder q) dann und nur dann wahr, wenn entweder p wahr ist oder wenn q wahr ist (oder wenn beide wahr sind).

Man schreibt daher:

$$p(A \cup B) \longleftrightarrow p(A) \vee p(B) \tag{1.2}$$

Bezüglich der Menge E ist $A \cup B$ die Vereinigung der Untermengen A und B.

Genauso bezeichnet man durch $A \cap B$ (gelesen: A und B) das Ereignis, das eintritt, wenn sowohl A als auch B eintritt. Wenn p und q zwei Aussagen sind, so ist die Aussage $p \wedge q$ (gelesen: p und q) dann und nur dann wahr, wenn sowohl p als auch q wahr ist. Wir haben so die Äquivalenz:

$$p(A \cap B) \longleftrightarrow p(A) \wedge p(B) \tag{1.3}$$

$A \cap B$ ist der Durchschnitt der beiden Teilmengen A und B bezüglich der Menge E.

Wenn in Hinblick auf den Versuch E das Eintreten des Ereignisses A systematisch das Eintreten des Ereignisses B nach sich zieht, so sagen wir, A impliziert B und schreiben dafür $A \subset B$.

$A \subset B$ stellt die Inklusion der Untermenge A in der Untermenge B dar. Wenn $A \subset B$ und $B \supset A$, so gilt $A = B$. Man sagt in diesem Fall, die beiden Ereignisse seien gleich.

$A = B$ zieht p(A) $\longleftrightarrow$ p(B) nach sich und umgekehrt.

Man definiert auch eine Differenz von zwei Ereignissen A und B und bezeichnet sie durch $A - B$:

$$A - B \stackrel{\text{def}}{=} A \cap \overline{B}$$

Beispiel. Wir nehmen nochmals den in Beispiel 1 von Paragraph 1.2 beschriebenen Versuch. A sei das Ereignis „der Würfel zeigt eine gerade Zahl": (2, 4, 6). B sei das Ereignis: „der Würfel zeigt eine Zahl größer als 2": (3, 4, 5, 6). C sei das Ereignis: „der Würfel zeigt eine Zahl > 5": (6).

Dann gilt: $\bar{A}$ ist das Ereignis: „der Würfel zeigt eine ungerade Zahl": $(1, 3, 5)$.

$A \cap B$ ist das Ereignis: „der Würfel zeigt eine gerade Zahl > 2: $(4, 6)$.

$A \cup B$ ist das Ereignis: „der Würfel zeigt eine gerade Zahl oder eine Zahl > 2": $(2, 3, 4, 5, 6)$.

Man erkennt, daß $C \subset A$ und $C \subset B$.

1.3.2. Eigenschaften der Operationen auf der Menge der Ereignisse

Wir beschränken uns auf Hinweise:

Die Operationen $\cap$ und $\cup$ sind assoziativ und kommutativ.

Die Operationen $\cap$ und $\cup$ sind beide distributiv über der jeweiligen anderen, d.h. es gilt:

$$A \cap (B \cup C) = (A \cap B) \cup (A \cap C) \tag{1.4}$$

$$A \cup (B \cap C) = (A \cup B) \cap (A \cup C) \tag{1.5}$$

Aus $A \subset B$ folgt $\bar{B} \subset \bar{A}$, $A \cap B = A$, $A \cup B = B$

$$\bar{\bar{A}} = A$$

$$\overline{A \cap B} = \bar{A} \cup \bar{B} \tag{1.6}$$

$$\overline{A \cup B} = \bar{A} \cap \bar{B} \tag{1.7}$$

Die beiden letzten Gleichungen lassen sich verallgemeinern zu

$$\overline{\bigcap_{i=1}^{n} A_i} = \bigcup_{i=1}^{n} \bar{A}_i \tag{1.6'}$$

$$\overline{\bigcup_{i=1}^{n} A_i} = \bigcap_{i=1}^{n} \bar{A}_i \tag{1.7'}$$

1.3.3. Ereignisalgebren

Es sei E die Menge der Elementarereignisse des Versuchs E. F_E sei eine Familie von Teilmengen von E. Wenn

a) $E \in F_E$

b) aus $A, B \in F_E$ folgt, $\bar{A}, \bar{B}, A \cap B, A \cup B \in F_E$ (was auch $A - B, B - A \in F_E$ zur Folge hat)

c) für jede Folge $A_1, A_2, \ldots, A_n, \ldots$ von Mengen aus F_E folgt

$$\bigcup_{i=1}^{\infty} A_i \in F_E \text{ und } \bigcap_{i=1}^{\infty} A_i \in F_E$$

so sagt man F_E sei eine Ereignisalgebra auf E.

1.3.4. Das sichere Ereignis — das unmögliche Ereignis

Wenn ein Ereignis A bei jeder Durchführung des Versuchs eintreten muß, so bezeichnet man A als *„sicheres Ereignis"*.

Es gilt A = E.

Das dazu entgegengesetzte Ereignis heißt *„unmögliches Ereignis"*: A = ϕ. Es entspricht der leeren Menge.

1.4. Der Begriff der Wahrscheinlichkeit für ein Ereignis

Die Beschreibung eines Versuches umfaßt einerseits die Menge der Elementarereignisse, d.h. die Menge der möglichen Ereignisse, und andererseits die Bedingungen, unter denen ein Ereignis eintritt. Vor der Durchführung des Versuches weiß man nicht, welches Elementarereignis als Versuchsergebnis erscheinen wird. Man weiß daher auch nicht, welches Ereignis eintreten wird (wenigstens abgesehen vom sicheren Ereignis).

Wir erwähnen hier ohne längere Diskussion den psychologischen Begriff der Wahrscheinlichkeit, der grob gesprochen einem Überzeugungsgrad des Beobachters entspricht. Gerade das versteht man in der Alltagssprache unter einer Redeweise von der Art „dieses Ereignis ist sehr wahrscheinlich" oder „dieses Ereignis ist unwahrscheinlich". Ein quantitatives Maß für einen derartigen Wahrscheinlichkeitsbegriff ist stark an den Beobachter gebunden und läßt sich nicht zur Konstruktion einer objektiven Theorie heranziehen.

Wir betrachten daher zwei Zugänge zu zwei heuristischen Definitionen der Wahrscheinlichkeit, von denen aus man eine axiomatische Definition festlegen und eine Theorie konstruieren kann, deren Anwendungen eine Konfrontation mit der Erfahrung bestehen.

1.4.1. Das Prinzip der Homogenität und der Symmetrie

Wir kehren zu dem Beispiel aus Paragraph 1.2 zurück, in dem es sich um das Werfen mit einem Würfel handelt.

Die Komponenten des Versuchs sind die sechs Flächen des Würfels, und man kann diese Komponenten nicht mehr in noch einfachere Komponenten zerlegen. Außerdem wird bei diesem Versuch vorausgesetzt, daß der Würfel vollkommen homogen und symmetrisch ist und daß er „zufällig" geworfen wird. Mit anderen Worten heißt das, es soll keine bevorzugte Fläche geben. Für alle Flächen seien die „Chancen", als Versuchsergebnis zu erscheinen, gleich groß. Auf diese Weise wird der Begriff der Wahrscheinlichkeit zurückgeführt auf den vielleicht noch grundlegenderen Begriff der *„gleichen Wahrscheinlichkeit"* für die Komponenten des Versuchs. Man schreibt dann jedem Elementarereignis, d.h. in diesem Fall jeder Fläche, die Wahrscheinlichkeit 1/6 zu.

Wenn A das Ereignis „Fläche mit gerader Augenzahl" bezeichnet, so ist der Wert der durch W (A) bezeichneten Wahrscheinlichkeit gleich dem Produkt der Wahrscheinlichkeit einer Komponente mit der Anzahl der in A enthaltenen Komponenten.

In diesem Fall gilt, da A = { 2, 4, 6 } drei Komponenten enthält:

$$W(A) = 3/6.$$

Wenn die Menge der Komponenten n Elemente umfaßt und das Ereignis A r davon enthält, so führt im allgemeinen das Prinzip von der gleichen Wahrscheinlichkeit auf die Zuordnung:

$$\boxed{W(A) \stackrel{\text{def}}{=} \frac{r}{n}} \tag{1.8}$$

Diese Beziehung beschreibt man oft so: Die Wahrscheinlichkeit für ein Ereignis ist gleich dem Verhältnis der Anzahl der für das Ereignis günstigen Fälle zur Anzahl der möglichen Fälle, wobei alle Fälle „gleich möglich" sind.

Dieser Definition entsprechend erhält man für das Beispiel 2 aus Paragraph 1.2 die folgenden Wahrscheinlichkeiten für die Ereignisse „S = i", wenn man darunter versteht, daß die Summe der Augenzahlen beider Würfel gleich i ist.

$$W(S = 2) = \frac{1}{36} ; \quad W(S = 3) = \frac{2}{36} ; \quad W(S = 4) = \frac{3}{36} ;$$

$$W(S = 5) = \frac{4}{36} , \quad W(S = 6) = \frac{5}{36} ; \quad W(S = 7) = \frac{6}{36} ;$$

$$W(S = 8) = \frac{5}{36} ; \quad W(S = 9) = \frac{4}{36} ; \quad W(S = 10) = \frac{3}{36} ;$$

$$W(S = 11) = \frac{2}{36} ; W(S = 12) = \frac{1}{36} .$$

Ebenso gilt:

$$W(S \text{ ist ein Vielfaches von } 3) = 12/36$$

1.4.2. Das Prinzip der relativen Häufigkeiten

Ein weiterer Zugang, der zu einer als „statistisch" bezeichneten Definition der Wahrscheinlichkeit führt, ist der folgende. Ein Versuch E mit einer endlichen Menge von Elementarereignissen werde N-mal wiederholt. Bei jeder Durchführung notiere man das Versuchsergebnis. Wenn dabei das Ereignis A n_A-mal auftritt, dann ist

$$\boxed{f_{A,N} := \frac{n_A}{N}} \tag{1.9}$$

die relative Häufigkeit dieses Ereignisses.

Natürlich kann $f_{A,N}$, wenn man eine neue Reihe von N Versuchen unternimmt, einen anderen Wert erhalten. In der Tat kann n_A alle ganzzahligen Werte zwischen 0 und N annehmen, woraus folgt, daß $f_{A,N}$ zwischen 0 und 1 liegt. Die Erfahrung zeigt, daß $f_{A,N}$ sich kaum mehr ändert, wenn N immer größer wird. Man ist daher versucht zu glauben, daß $f_{A,N}$ für N gegen Unendlich gegen einen Grenzwert strebt, und diesen Grenzwert als Definition für die Wahrscheinlichkeit des Ereignisses A zu nehmen. Man stellt sich also vor, es gebe eine Zahl W(A), für die die relative Häufigkeit $f_{A,N}$ eine umso bessere Näherung darstellt, je größer N ist.

1.4.3. Bemerkungen zu den vorangehenden Definitionen

a) Es kann vorkommen, daß sich die beiden Definitionen widersprechen. Spricht man der Fläche i des Würfels auf Grund der ersten Definition die Wahrscheinlichkeit 1/6 zu und strebt $f_{i,N}$ für große N nicht gegen 1/6, so ist die Annahme, daß der Würfel homogen ist, nicht mehr berechtigt. Eher ist zu glauben, daß der Würfel gefälscht ist.

b) Bei jeder Wahl der Definition gilt für zwei unverträgliche Ereignisse A und B, daß die Wahrscheinlichkeit für das Ereignis $A \cup B$ durch die Summe der Wahrscheinlichkeiten für die einzelnen Ereignisse gegeben ist.

c) Die Wahrscheinlichkeit für die Vereinigung aller möglichen Ereignisse, d.h. für das sichere Ereignis, ist gleich 1.

d) Die Wahrscheinlichkeit eines unmöglichen Ereignisses ist 0.

e) Wenn W(A) die Wahrscheinlichkeit des Ereignisses A ist, so ist die Wahrscheinlichkeit für das entgegengesetzte Ereignis $\bar{A}$ gleich $W(\bar{A}) = 1 - W(A)$.

f) Die in 1.4.1 und 1.4.2 gegebenen Definitionen schreiben den Ereignissen Wahrscheinlichkeiten zu, die als Ergebnisse eines Versuchs mit endlich vielen Komponenten eintreten können. Sie ziehen sowohl Annahmen über die physikalische Natur als auch über die experimentellen Beobachtungen heran. Hier handelt es sich genau genommen nicht um die eigentliche Theorie der Wahrscheinlichkeit. Es handelt sich um Zugänge zu dieser Theorie, welche die Axiome der Theorie berücksichtigen müssen, um ein für die Realität der zufälligen Phänomene adäquates Modell zu erstellen.

1.4.4. Übungen

Mit Hilfe der in 1.4.1 gegebenen Definition kann man bereits Wahrscheinlichkeiten von Ereignissen berechnen. In solchen Berechnungen erscheinen die Methoden der Kombinatorik. Zu diesem Zweck erinnere man sich an einige Formeln aus der Kombinatorik.

Permutationen

Auf einer Menge von n untereinander verschiedenen Elementen $\{x_1, x_2, \ldots, x_n\}$ ist die Anzahl der Permutationen:

$$P_n = n!$$

Auf einer Menge von N Elementen mit n_1 Elementen x_1, n_2 Elementen x_2, ..., n_p Elementen x_p und $n_1 + n_2 + \ldots + n_p = N$ ist die Anzahl der Permutationen:

$$P_N = \frac{N!}{n_1! \, n_2! \ldots n_p!}$$

Anordnungen

Auf einer Menge von n untereinander verschiedenen Elementen $\{x_1, x_2, \ldots, x_n\}$ ist die Zahl der Anordnungen von p Elementen $(1 \leq p \leq n)$:

$$A_n^p = \frac{n!}{(n-p)!}$$

Kombinationen

Unter derselben Annahme ist die Zahl der Kombinationen von p Elementen:

$$C_n^p = \frac{n!}{p! \, (n-p)!}$$

Übung 1. Ein Bridgespieler erhält 13 Karten aus einem Spiel von 52 Karten. Mit welcher Wahrscheinlichkeit erhält er 4 As?

Lösung: Die Zahl der gleichberechtigten Komponenten des Versuchs ist die Zahl der Kombinationen von 13 Karten aus 52 Karten. (Die Reihenfolge, in der der Spieler die Karten erhält, ist belanglos.)
Daraus folgt

$$n = C_{52}^{13} = \frac{52!}{13! \, 39!}$$

Die Zahl der Komponenten, die das gewünschte Ergebnis liefern, ist gleich der Zahl der Kombinationen von 13 Karten, unter denen alle 4 Asse vorkommen. Legt man die vier Asse zur Seite, so bleiben 9 Karten aus 48.
Daraus folgt

$$r = C_{48}^9 = \frac{48!}{9! \, 39!}$$

und damit $W(4 \text{ As}) = r/n \approx 0{,}0026$.

Übung 2. Man werfe die fünf Würfel eines Assenpokers. Mit welcher Wahrscheinlichkeit erhält man einen Satz von Assen (vier Asse und nur vier Asse)? Mit welcher Wahrscheinlichkeit erhält man einen beliebigen Satz?

Lösung: Die Zahl der gleichberechtigten Komponenten des Versuchs ist gegeben durch alle Kombinationen aller Flächen der einzelnen Würfel. Also gilt

$$n = 6^5.$$

Die Zahl der „günstigen" Fälle bestimmt man so. Es seien A, B, C, D, E die fünf Würfel. Eine günstige Komponente ist gegeben durch

A	B	C	D	E
As	As	As	As	x

wobei x kein As ist. x kann fünf Werte annehmen. Andererseits können die 4 Asse auf den fünf Würfeln auf $C_5^4 = 5$ verschiedenen Arten erscheinen. Also haben wir

$$r = 25 \quad \text{und} \quad W(\text{Satz von Assen}) = \frac{25}{6^5} \approx 0{,}00321$$

Das Ereignis „Satz" ist die Vereinigung der unverträglichen Ereignisse „Satz von Assen", „Satz von Königen" usw., also von sechs Ereignissen, die alle dieselbe Wahrscheinlichkeit besitzen. Daraus folgt

$$W(\text{Satz}) = \frac{6 \times 25}{6^5} \approx 0{,}0193$$

Übung 3. Eine Urne n_1 enthalte 2n Kugeln, n weiße und n schwarze. Der Versuch besteht darin, daß man die Kugeln der Reihe nach von U_1 herausnimmt und in eine anfangs leere Urne U_2 gibt. Das Herausnehmen jeder Kugel aus U_1 erfolgt zufällig. Mit welcher Wahrscheinlichkeit sind während des Umfüllvorgangs in U_2 nie weniger weiße als schwarze Kugeln?

Lösung: Eine bequeme Methode zur Lösung von Problemen solcher Art besteht darin, daß man jeder Komponente des Versuches auf die folgende Weise ein Schaubild zuordnet:

Wir nehmen zwei zueinander senkrechte Achsen OX und OY. Als Abszisse tragen wir die Anzahl der bereits umgefüllten Kugeln auf, als Ordinate die Differenz zwischen der Anzahl der weißen und der Anzahl der schwarzen Kugeln. Das Versuchsergebnis wird daher durch die vom Punkt (0, 0) ausgehende gebrochene Linie dargestellt, die in (2n, 0) endet und deren Ordinaten in den ganzzahligen Abszissenpunkten positiv sind, wenn die Anzahl der weißen Kugeln größer als die Anzahl der schwarzen ist. Die Ordinaten sind Null, wenn die Anzahl der weißen Kugeln gleich der Anzahl der schwarzen ist, sie sind negativ, wenn die Anzahl der weißen Kugeln kleiner als die Anzahl der schwarzen ist.

Mit anderen Worten, man geht vom Punkt mit der Abszisse p durch einen „Anstieg" zum Punkt mit der Abszisse p + 1 über (Zuwachs der Ordinate um eine Einheit), wenn man als nächstes eine weiße Kugel hinübergibt, und man geht durch einen „Abstieg" über, wenn man eine schwarze Kugel hinübergibt.

Bild 1.4 (a) zeigt ein derartiges Schaubild, wobei der Reihe nach zwei weiße Kugeln, eine schwarze, drei weiße, vier schwarze usw. in die zweite Urne gegeben werden. (Diese Lösung ist übrigens ein für das gewünschte Ereignis günstiger Fall.)

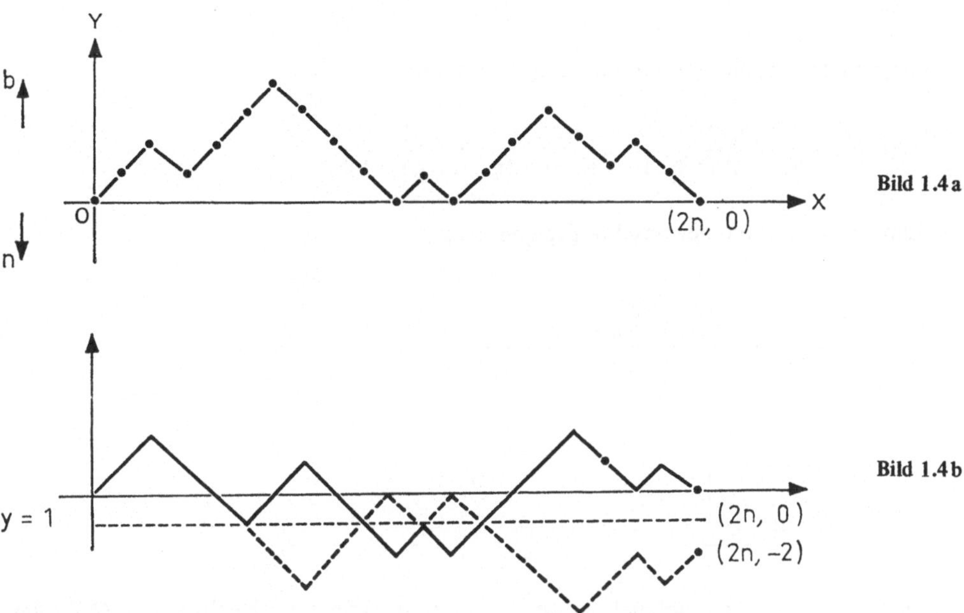

Die Zahl der Komponenten des Versuchs ist gleich der Zahl dieser gebrochenen Linien, das heißt der Zahl der Permutationen von n „Anstiegen" und n „Abstiegen". Man hat also 2n Elemente, von denen n von der einen Art und n von der anderen Art sind. Die Zahl ihrer Permutationen ist

$$N = \frac{(2n)!}{n!\,n!}$$

Es bleibt noch die Bestimmung der Anzahl der günstigen Fälle. Es ist weit einfacher, die ungünstigen Fälle abzuzählen. Die voll ausgezogene gebrochene Linie in Bild 1.4 (b) stellt einen derartigen ungünstigen Fall dar. Dazu muß die gebrochene Linie mindestens einmal die Gerade $y = -1$ berühren oder überqueren. Man konstruiert hierauf eine fiktive Trajektorie, die vom Punkt (0,0) bis zum ersten Berührungspunkt mit $y = -1$ mit der wirklichen Trajektorie zusammenfällt. Von diesem Punkt an verläuft sie dann symmetrisch dazu bezüglich $y = -1$. Es ist klar, daß zwischen den reellen ungünstigen Trajektorien und den von (0,0) ausgehenden und in $(2n, -2)$ endenden fiktiven Trajektorien eine eineindeutige Beziehung besteht. Die ungünstigen Komponenten werden daher durch die von (0,0) bis $(2n, -2)$ verlaufenden gebrochenen Linien dargestellt, die alle $(n-1)$ Abstiege und $(n+1)$

Aufstiege enthalten. Ihre Zahl ist gleich der Zahl der Permutationen von 2n Elementen mit n − 1 Elementen von der ersten und n + 1 Elementen von der zweiten Art, also:

$$\frac{(2n)!}{(n-1)!\,(n+1)!}$$

Die Anzahl der günstigen Komponenten R ist daher:

$$R = N - \frac{(2n)!}{(n-1)!\,(n+1)!} = \frac{(2n)!}{n!\,n!} - \frac{(2n)!}{(n-1)!\,(n+1)!}$$

Schreibt man A für das gewünschte Ereignis, so gilt:

$$W(A) = \frac{R}{N} = 1 - \frac{\dfrac{(2n)!}{(n-1)!\,(n+1)!}}{\dfrac{(2n)!}{n!\,n!}} = 1 - \frac{n}{n+1}$$

$$\boxed{W(A) = \frac{1}{n+1}}$$

Übung 4. Es ist vielleicht nützlich, wenn wir ein Beispiel für ein schlecht gestelltes Problem geben. Zwei Personen betreten ein Zimmer, in dem es drei Bänke zu je zwei Plätzen gibt, und setzen sich „zufällig" auf irgend einen Platz. Welche Wahrscheinlichkeit hat das Ereignis, daß beide nebeneinander zu sitzen kommen?

Das Problem ist tatsächlich schlecht gestellt, denn es ist nicht definiert, wie der Versuch verlaufen soll. Man könnte sich das etwa so vorstellen.

a) Die Plätze sind von 1 bis 6 numeriert, die Plätze 1, 2 auf der Bank A, die Plätze 3, 4 auf der Bank B und die Plätze 5, 6 auf der Bank C. Die sechs Nummern gibt man in eine Urne. Die erste Person zieht eine Nummer, legt sie nicht mehr in die Urne zurück und setzt sich auf den angezeigten Platz. Die zweite Person zieht nun eine Nummer unter den restlichen fünf.

Die gesuchte Wahrscheinlichkeit ist 1/5.

b) In der Urne befinden sich 3 Zettel, welche die drei Namen A, B und C der Bänke tragen. Die erste Person zieht eine „Bank", legt den Zettel wieder zurück und setzt sich auf die angegebene Bank. Die zweite Person tut dasselbe.

Die gesuchte Wahrscheinlichkeit ist jetzt 1/3.

1.4.5. Geometrische Wahrscheinlichkeiten

Diese bezeichnet man so (oder auch als stetige Wahrscheinlichkeiten) im Gegensatz zu den diskreten Wahrscheinlichkeiten (die wir bisher betrachtet haben). Es handelt sich dabei um Wahrscheinlichkeiten von Ereignissen in bezug auf einen Versuch, dessen Menge von Elementarereignissen die Mächtigkeit des Kontinuums besitzt. Die bisher angegebenen Definitionen reichen zur Bestimmung der Wahrscheinlichkeit in einer derartigen Situation nicht aus.

Wir betrachten zum Beispiel einen Versuch, der darin besteht, daß man eine Münze auf einen Tisch wirft. Das Versuchsergebnis wird durch den Punkt des Tisches dargestellt, über dem der Mittelpunkt der Münze liegt.

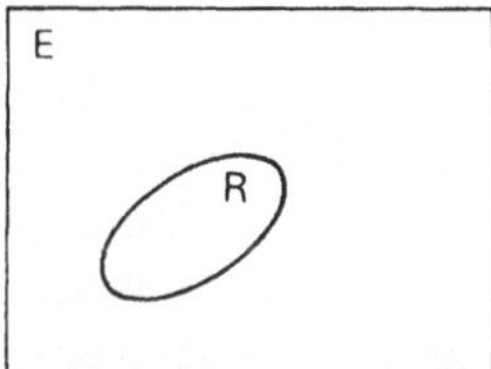

Bild 1.5

Es sei R ein gewisser Bereich des Tisches, die Tischfläche selbst werde durch E bezeichnet. Es sei A das Ereignis: „Der Punkt des Tisches, über dem der Mittelpunkt der Münze zu liegen kommt, gehört zu R".

In diesem Fall führt eine zu 1.4.3 analoge Betrachtungsweise auf die Bestimmung von W(A) durch:

$$W(A) \stackrel{\text{def}}{=} \frac{\text{Fläche von R}}{\text{Fläche von E}} \tag{1.10}$$

Bezüglich dieser Definition kann man die Bemerkungen b, c, d, e aus Paragraph 1.4.3 anführen. Darüber hinaus besteht der folgende Sachverhalt:

Jeder Punkt M von E ist eine Komponente des Versuches.

Es sei A_M das Ereignis: „Der Punkt M fällt mit dem Mittelpunkt der Münze zusammen". Um welchen Punkt M es sich dabei auch handeln mag, dieses Ereignis hat stets die Wahrscheinlichkeit $W(A_M) = 0$. Genau so verhält es sich, wenn man eine abzählbare Menge von Punkten oder eine Kurve in E betrachtet. Man erhält dadurch Ereignisse mit der Wahrscheinlichkeit Null. Sobald der Versuch beendet ist, gibt es einen wohlbestimmten Punkt $M \in E$, der mit dem Mittelpunkt der Münze übereinstimmt. Wenn dieser Punkt zur erwähnten abzählbaren Menge von Punkten oder zur erwähnten Kurve gehört, so wurde also ein Ereignis mit der Wahrscheinlichkeit 0 realisiert. Man sagt, ein derartiges Ereignis sei *„fast unmöglich"*.

Das entgegengesetzte Ereignis, das die Wahrscheinlichkeit 1 hat, wurde nicht realisiert. Man sagt, es handle sich um ein *„fast sicheres"* Ereignis.

Es muß bemerkt werden, daß im Falle von geometrischen Wahrscheinlichkeiten die Definition des Versuches nicht immer einfach ist.

Das Paradoxon von Bertrand

In einem Kreis wähle man willkürlich irgendeine Sehne. Wie groß ist die Wahrscheinlichkeit, daß die Sehne nicht kürzer als der Radius des Kreises ist?

Auch hier könnte man sagen, daß das Problem schlecht gestellt sei. Man kann das Problem nämlich mit mehreren Versuchen in Zusammenhang bringen, die zur Festlegung verschiedener Wahrscheinlichkeiten führen.

a) Es sei AB ein beliebiger Durchmesser des Kreises. Man fixiere die Richtung der Sehne senkrecht zu AB. Dann kann man jede Sehne durch ihren Schnittpunkt mit dem Durchmesser AB markieren. Alle Punkte von AB sind daher Komponenten des Versuchs. Wenn M zum Segment HK gehört, so ist die Länge der entsprechenden Sehne größer oder gleich dem Radius (Bild 1.6). Die gesuchte Wahrscheinlichkeit ist daher 3/2.

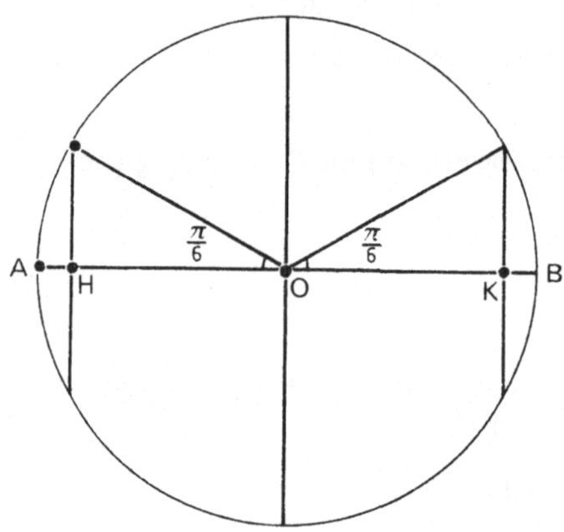

Bild 1.6

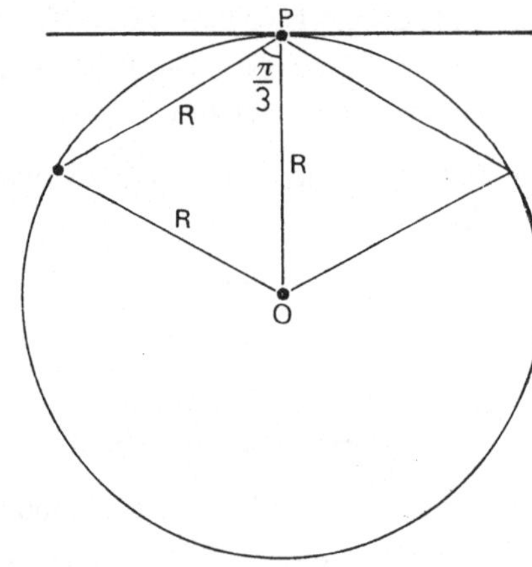

Bild 1.7

b) Man fixiere einen Punkt P auf dem Kreis und betrachte alle Sehnen durch P (Bild 1.7). Die Wahrscheinlichkeit ist in diesem Fall 2/3.

Es handelt sich also offensichtlich um zwei verschiedene Versuche. Die ursprüngliche Darstellung des Problems ist unvollständig.

1.4.6. Übungen

Übung 1. Man ziehe zufällig und unabhängig[1]) voneinander zwei Zahlen x und y aus dem Intervall (0, 1). Diese Zahlen bestimmen auf einer Strecke OI der Länge 1 zwei Punkte M und N.

Es sei M der Punkt, der näher bei O liegt. Dann gilt:

$$\text{Abszisse von M} = \text{Min}\,(x, y)$$
$$\text{Abszisse von N} = \text{Max}\,(x, y)$$

Die Punkte O, M, N, I bestimmen die Strecken OM, MN, NI.

Welche Wahrscheinlichkeit besitzt das Ereignis, daß die drei Strecken die Seiten eines Dreiecks bilden?

Lösung: Die Möglichkeit, aus den drei Strecken ein Dreieck zu konstruieren, wird charakterisiert durch die bekannte zweifache Ungleichung: „Die Länge einer Seite liegt zwischen der Summe und der Differenz der Längen der beiden anderen Seiten". Dies wird dargestellt durch:

$$|\,OM - NI\,| \leqslant MN \leqslant OM + NI$$

d.h. $\quad |\,\text{Min}\,(x, y) - 1 + \text{Max}\,(x, y)\,| \leqslant \text{Max}\,(x, y)$
$$- \text{Min}\,(x, y) \leqslant \text{Min}\,(x, y) + 1 - \text{Max}\,(x, y)$$

Diese zweifache Ungleichung stellt ein Ereignis A dar, das der Durchschnitt aus den Ereignissen

$$B : |\,\text{Min}\,(x, y) - 1 + \text{Max}\,(x, y)\,| \leqslant \text{Max}\,(x, y) - \text{Min}\,(x, y)$$

und

$$C : \text{Max}\,(x, y) - \text{Min}\,(x, y) \leqslant \text{Min}\,(x, y) + 1 - \text{Max}\,(x, y)$$

ist. x und y können beliebige Werte zwischen 0 und 1 annehmen. Die Menge der möglichen Paare (x, y) wird daher dargestellt durch ein Quadrat der Seitenlänge 1 (Bild 1.8). Dies ist die Menge der Komponenten des Versuches.

Es handelt sich darum, in dem Quadrat jenen Bereich zu finden, dessen Punkte einer Realisierung des Ereignisses A entsprechen.

Die Rollen von x und y sind symmetrisch. Es genügt daher, den günstigen Bereich in einem der Dreiecke y > x oder x > y zu untersuchen und dann den Bereich symmetrisch bezüglich der Diagonalen zu vervollständigen.

Wir nehmen daher x > y an.

---

[1]) Der Begriff der Unabhängigkeit wird später präzisiert. Für den Augenblick nehmen wir an, daß das Ergebnis des ersten Zuges die Wahrscheinlichkeit für das Ergebnis des zweiten Zuges nicht beeinflußt.

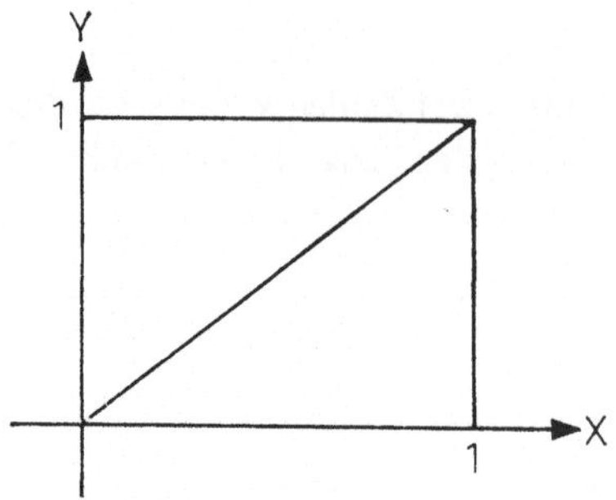

Bild 1.8

Dann gilt

$$\text{Max}\,(x, y) = x$$
$$\text{Min}\,(x, y) = y$$

Das Ereignis B wird zu: $|x + y - 1| \leqslant x - y$

Das Ereignis C wird zu: $x - y \leqslant 1 + y - x$

$$\text{und}\quad A = B \cap C$$

Wir untersuchen den für B günstigen Bereich. Es sind zwei Fälle zu unterscheiden:

a) $x + y - 1 \geqslant 0$.

Dann folgt aus $|x + y - 1| \leqslant x - y$ die Ungleichung $x + y - 1 \leqslant x - y$

d.h. $y \leqslant 1/2$.

b) $x + y - 1 < 0$.

Dann folgt aus $|x + y - 1| \leqslant x - y$ die Ungleichung $1 - x - y \leqslant x - y$

d.h. $x \geqslant 1/2$.

Das Ereignis B ist gleich der Vereinigung der Ereignisse

$$B_a : 1 - x \leqslant y \leqslant \frac{1}{2}$$

und

$$B_b : \qquad \frac{1}{2} \leqslant x \leqslant 1 - y$$

$$B = B_a \cup B_b$$

B entspricht dem in Bild 1.9 schraffierten Rechteck.

Wir untersuchen nun den für C günstigen Bereich

$$x - y \leqslant 1 + y - x$$

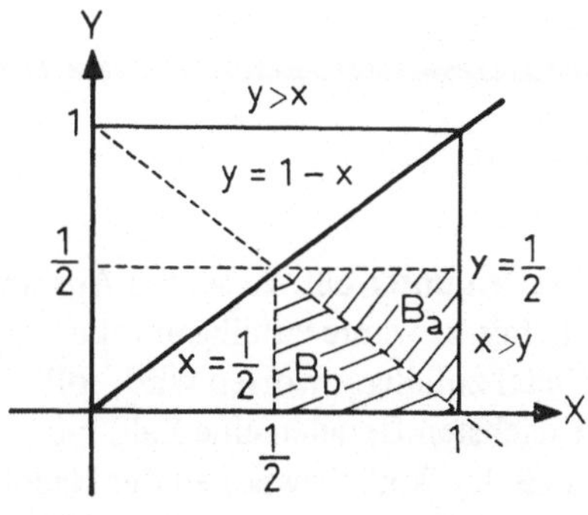

Bild 1.9

Daraus folgt

$$y \geqslant x - \frac{1}{2}$$

Der für C günstige Bereich ist also das in Bild 1.10 schraffierte Trapez.

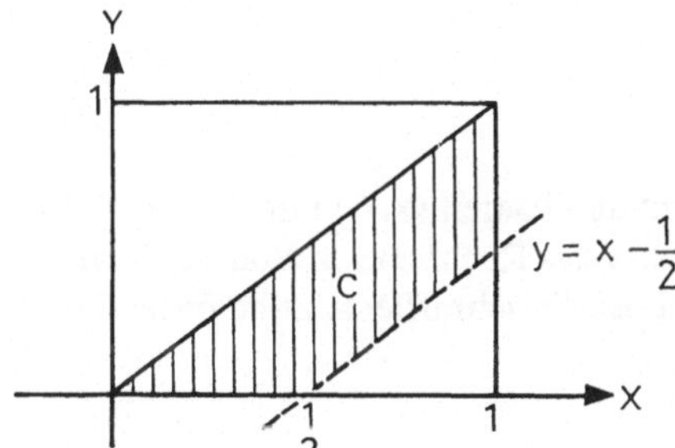

Bild 1.10

Nun gilt $A = B \cap C$, und dieser Bereich muß symmetrisch bezüglich der Diagonalen ergänzt werden. Bild 1.11 zeigt in der schraffierten Zone den für A günstigen Bereich.

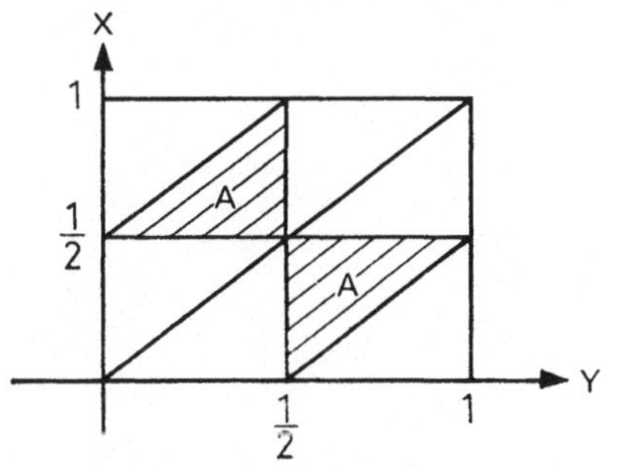

Bild 1.11

2 Vaupuois

Daraus schließt man für die gesuchte Wahrscheinlichkeit:

$$\boxed{W(A) = 1/4}$$

Übung 2. Das Nadelproblem von Buffon.

Die Ebene sei durch parallele äquidistante Gerade in Streifen unterteilt. 2a sei der Abstand zwischen zwei benachbarten Geraden. Eine Nadel der Länge $2l$ werde zufällig auf die Ebene geworfen. Es gelte $l < a$. Die Aussage, daß die Nadel zufällig geworfen wird, soll bedeuten, daß der Abstand von der Nadelmitte bis zur nächsten Geraden eine Zahl x ist, die zufällig aus dem Intervall (0, a) gewählt wird, und daß der Winkel zwischen der Nadel und dieser Geraden eine Zahl θ ist, die unabhängig von x zufällig aus einem Intervall $(0, \pi)$ gewählt wird (Bild 1.12). Mit welcher Wahrscheinlichkeit schneidet die Nadel eine der parallelen Geraden?

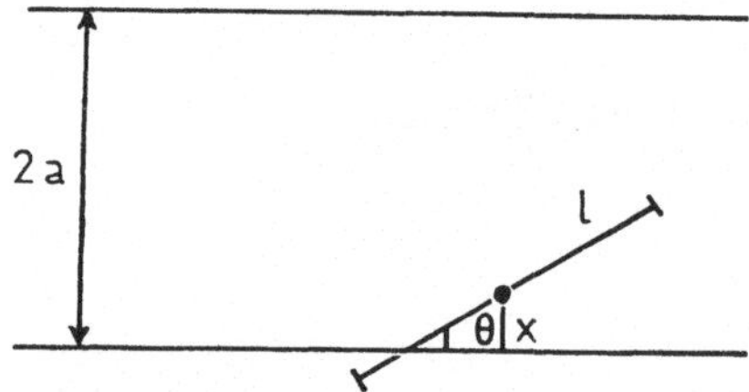

Bild 1.12

Die Menge der Komponenten des Versuchs wird von den Paaren (x, θ) mit $x \in (0, a)$ und $\theta \in (0, \pi)$ gebildet. Es handelt sich also um die Punkte des Rechtecks in Bild 1.13. Der für das Eintreffen des Ereignisses A günstige Bereich ist die schraffierte Zone unter der Kurve $x = l \sin \theta$.

$$W(A) = \frac{1}{\pi a} \int_0^\pi l \sin \theta \, d\theta$$

$$\boxed{W(A) = \frac{2l}{\pi a}}$$

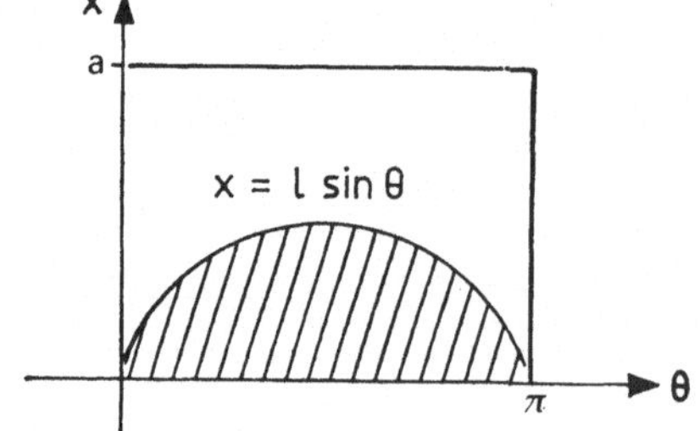

Bild 1.13

1.5. Axiomatische Begründung der Wahrscheinlichkeitstheorie

1.5.1. Axiome

Es sei E die Menge der Elementarereignisse, d.h. die Menge der Komponenten eines Versuchs E. F_E sei eine Familie von Teilmengen von E, die eine über E konstruierte Ereignisalgebra darstelle.

Wir setzen die folgenden Axiome:

Axiom 1. Für jedes Ereignis $A \in F_E$ existiert eine nicht-negative Zahl $W(A)$, welche als „Wahrscheinlichkeit von A" bezeichnet wird.

Axiom 2. $W(E) = 1$ (nach Definition von F_E gilt $E \in F_E$).

Axiom 3. Wenn $A \in F_E$, $B \in F_E$ zwei *unverträgliche Ereignisse* sind (wenn also $A \cap B = \phi$), dann gilt

$$W(A \cup B) = W(A) + W(B)$$

(Additivität).

Axiom 4. Wenn $A_1, A_2, \ldots, A_n, \ldots$, eine Folge von Ereignissen aus F_E darstellt, die paarweise unverträglich sind (d.h. wenn $\forall_i \forall_j [i \neq j \Rightarrow A_i \cap A_j = \phi]$), dann gilt

$$W\left(\bigcup_{i=1}^{\infty} A_i\right) = \sum_{i=1}^{\infty} W(A_i) \tag{1.11}$$

Da F_E eine Ereignisalgebra ist, gehört $\bigcup_{i=1}^{\infty} A_i = A$ ebenfalls zu F_E.

Dieses Axiom bezeichnet man als *Axiom der vollständigen Additivität*.

Man wird bemerken, daß die Wahrscheinlichkeiten für Ereignisse von den Axiomen für Mengenmaße beherrscht werden, mit der Besonderheit, daß das Maß der Grundmenge 1 ist.

1.5.2. Folgerungen aus den Axiomen

a) Für jedes Ereignis A lautet die Wahrscheinlichkeit für das entgegengesetzte Ereignis $\overline{A}$:

$$W(\overline{A}) = 1 - W(A)$$

Tatsächlich gilt für jedes A: $A \cup \overline{A} = E$ und $A \cap \overline{A} = \phi$. Aus $W(E) = 1$ (Axiom 2) und $W(A \cup \overline{A}) = W(A) + W(\overline{A})$ (Axiom 3) ergibt sich das angekündigte Ergebnis.

b) Es folgt daraus unmittelbar, daß die Wahrscheinlichkeit für ein unmögliches Ereignis 0 ist:

$$W(\overline{E}) = W(\phi) = 0$$

c) Für jedes Ereignis A gilt:

$$0 \leqslant W(A) \leqslant 1$$

d) Wenn $A \subset B$ (das Ereignis A impliziert das Ereignis B):

$$W(A) \leqslant W(B).$$

Da $A \cap B = A$, $A \cup B = B$:

$$W(A \cap B) = W(A), \quad W(A \cup B) = W(B)$$

e) Durch wiederholte Anwendung von Axiom 3 ergibt sich, daß die Wahrscheinlichkeit für eine endliche Vereinigung von paarweise unverträglichen Ereignissen gleich der Summe der Wahrscheinlichkeiten der einzelnen Ereignisse ist. Das heißt, wenn für $A_1, A_2, \ldots, A_n$ gilt $A_i \cap A_j = \phi$ für $i \neq j$ $(i, j = 1, 2, \ldots, n)$, dann gilt

$$W\left(\bigcup_{i=1}^{n} A_i \right) = \sum_{i=1}^{n} W(A_i)$$

f) An Stelle des Axioms 4 von der vollständigen Additivität nimmt man oft das sogenannte „*Stetigkeitsaxiom*". Dies lautet so: Wenn für eine Folge von Ereignissen $A_1, \ldots,$ $A_n, \ldots$ für jedes n gilt

$$A_{n+1} \subset A_n \quad \text{und} \quad \bigcap_{n=1}^{\infty} A_n = \phi,$$

dann gilt auch $W(A_n) \to 0$ für $n \to \infty$.

Man kann beweisen, daß dieses Axiom äquivalent zu Axiom 4 ist.

1.5.3. Basis der Wahrscheinlichkeit

Wenn die Menge E endlich ist, so ist auch die Menge ihrer Teilmengen endlich und es gibt bei der Definition der Wahrscheinlichkeiten keine prinzipiellen Schwierigkeiten. Es genügt zum Beispiel, wenn man die Wahrscheinlichkeit für jede Komponente von E angibt, unter Berücksichtigung der Bedingung $W(E) = 1$. Man erhält dadurch eine Basis für die Wahrscheinlichkeiten. Schwieriger ist der Fall geometrischer Wahrscheinlichkeiten. Wenn die Komponenten die Punkte einer Strecke (a, b) sind, so gilt W (Ereignis x) = 0 für jedes $x \in (a, b)$. Eine Basis bei einem derartigen Versuch erhält man dann zum Beispiel durch die Menge aller Intervalle

$$[\alpha, \beta] \subset (a, b) \text{ mit } W([\alpha, \beta]) = \beta - \alpha$$

Wenn man bei einem Versuch n nicht unbedingt unverträgliche Ereignisse $A_1, A_2, \ldots, A_n$ vorgibt, so kann man eine Basis konstruieren, indem man mit Hilfe der Ereignisse

$$A_1 \cap A_2 \cap \ldots \cap A_{n-1} \cap A_n$$
$$A_1 \cap A_2 \cap \ldots \cap A_{n-1} \cap \bar{A}_n$$
$$\cdots\cdots\cdots\cdots\cdots\cdots$$
$$\bar{A}_1 \cap \bar{A}_2 \cap \ldots\ldots\ldots \cap \bar{A}_n$$

eine Partition in 2^n Teile vornimmt. F_E enthält dann 2^{2^n} Elemente.

1.6. Theoreme über totale Wahrscheinlichkeiten

A und B seien zwei Ereignisse aus der Menge E. Die Partition von E besteht dann aus

$$A \cap B, \quad A \cap \bar{B}, \quad \bar{A} \cap B, \quad \bar{A} \cap \bar{B}$$

Wir setzen:

$$\alpha := W(A \cap B)$$
$$\beta := W(A \cap \bar{B})$$
$$\gamma := W(\bar{A} \cap B)$$
$$\delta := W(\bar{A} \cap \bar{B}) \quad \text{mit} \quad \alpha + \beta + \gamma + \delta = 1$$

Wir wollen $W(A \cup B)$ berechnen:

$$W(A) = W[(A \cap B) \cup (A \cap \bar{B})]$$
$$= W(A \cap B) + W(A \cap \bar{B}) = \alpha + \beta$$

Ebenso gilt

$$W(B) = W[(A \cap B) \cup (\bar{A} \cap B)] = \alpha + \gamma$$

und

$$W(A \cup B) = W[(A \cap B) \cup (A \cap \bar{B}) \cup (\bar{A} \cap B)] = \alpha + \beta + \gamma$$

(Vergleiche die Darstellung in Bild 1.14).

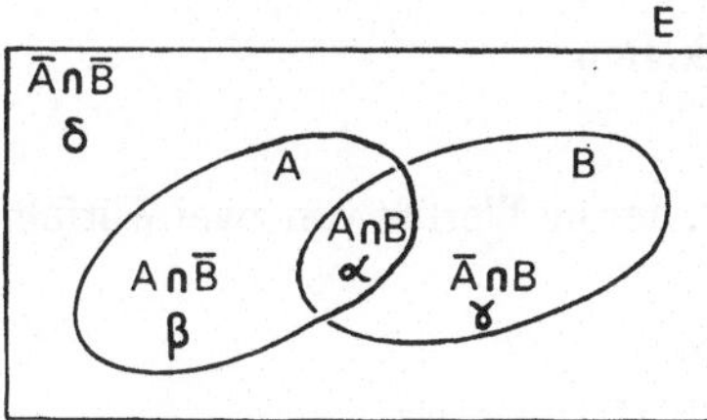

Bild 1.14

Man folgert daraus

$$\boxed{W(A \cup B) = W(A) + W(B) - W(A \cap B)} \tag{1.12}$$

Wir betrachten nun drei Ereignisse A, B und C und berechnen $W(A \cup B \cup C)$:

$$\begin{aligned}
W(A \cup B \cup C) &= W[(A \cup B) \cup C] \\
&= W(A \cup B) + W(C) - W[(A \cup B) \cap C] \\
&= W(A) + W(B) + W(C) - W(A \cap B) - W[(A \cup B) \cap C]
\end{aligned}$$

Wir berechnen den letzten Term:

$$\begin{aligned}
W[(A \cup B) \cap C] &= W[(A \cap C) \cup (B \cap C)] \\
&= W(A \cap C) + W(B \cap C) - W(A \cap B \cap C)
\end{aligned}$$

Daraus schließt man:

$$\boxed{\begin{aligned}
W(A \cup B \cup C) &= W(A) + W(B) + W(C) - W(A \cap B) - W(B \cup C) \\
&\quad - W(A \cap C) + W(A \cap B \cap C)
\end{aligned}} \tag{1.13}$$

Auf dieselbe Weise beweist man:

$$\boxed{\begin{aligned}
W\left[\bigcup_{i=1}^{n} A_i\right] &= \sum_{i=1}^{n} W(A_i) - \sum_{i}\sum_{j \neq i} W(A_i \cap A_j) \\
&\quad + \sum_{i}\sum_{j \neq i}\sum_{k \neq ij} W(A_i \cap A_j \cap A_k) - \ldots + (-1)^{n+1} W\left(\bigcap_{i=1}^{n} A_i\right)
\end{aligned}} \tag{1.14}$$

1.7. Gebundene Ereignisse — bedingte Wahrscheinlichkeiten

1.7.1. Definitionen — Zusammengesetzte Wahrscheinlichkeiten

A und B seien zwei Ereignisse eines Versuchs E.

Wir nehmen den Versuch aus Beispiel 2 in Paragraph 1.2., der im Werfen von zwei Würfeln bestand.

A sei das Ereignis: „Die Summe der Augen S ist ungerade".
B sei das Ereignis: „Die Summe der Augen S ist größer als 7".

Wir haben in Paragraph 1.4.1 die Wahrscheinlichkeiten $W(S = i)$ für $i = 2, 3, \ldots 12$ bestimmt.

Man erhält somit:

$$W(A) = W[(S = 1) \cup (S = 3) \cup (S = 5) \cup (S = 7) \cup (S = 9) \cup (S = 11)]$$

$$W(A) = \frac{18}{36}$$

Ebenso findet man

$$W(B) = \frac{15}{36}$$

Man werfe nun die beiden Würfel. Sobald der Versuch durchgeführt ist, werden wir davon unterrichtet, daß das Ereignis A eingetreten ist. (Die Summe der Augen ist ungerade.) Wir interessieren uns nun für das Ereignis B mit dem Wissen, daß A eingetreten ist. Diesen Sachverhalt bezeichnen wir durch A/B. Von diesem Ereignis sagen wir, es sei ein „gebundenes Ereignis" (B gebunden an A). Es unterscheidet sich vom Ereignis B allein. Welche Wahrscheinlichkeit besitzt dieses gebundene Ereignis? $W(B/A) =?$

Eine derartige Wahrscheinlichkeit heißt „bedingte Wahrscheinlichkeit". $W(B/A)$ bestimmt man leicht auf die folgende Art.

B/A ist ein Ereignis eines anderen Versuchs E_A, dessen Menge der Komponenten die Untermenge der Komponenten von E ist, die das Ereignis A liefern. Im vorliegenden Fall besteht die Menge der Komponenten von E_A aus den 18 Positionen der zwei Würfel, die eine ungerade Summe liefern. Unter den 18 möglichen Fällen liefern 6 das Ereignis B (Summe größer als 7, d.h. $S = 9$ oder $S = 11$).

Man hat daher: $W(B/A) = 6/18$.

Die Wahrscheinlichkeit des Ereignisses $A \cap B$ bestimmt man unter Berücksichtigung der Komponenten von E, die zum Durchschnitt von A mit B gehören.

Man findet: $W(A \cap B) = 6/36$.

Im Falle einer endlichen Menge E mit gleichberechtigten Komponenten existiert eine einfache Beziehung zwischen $W(A \cap B)$, $W(A)$ und $W(B/A)$.

In der Tat, nehmen wir an, E bestehe aus n Elementarereignissen, von denen jedes die Wahrscheinlichkeit 1/n habe, und daß gilt:

a   ist die Anzahl der für das Ereignis A günstigen Elementarereignisse,
b   ist die Anzahl der für das Ereignis B günstigen Elementarereignisse,
r   ist die Anzahl der für das Ereignis $A \cap B$ günstigen Elementarereignisse.

(Offensichtlich gilt $r \leqslant a$, $r \leqslant b$).

Die Realisierung des Ereignisses A bedeutet also, daß eines der für A günstigen Elementarereignisse $e_j \in E$ als Versuchsergebnis eingetreten ist. Unter diesen Umständen sind genau
r Elementarereignisse unter den a möglichen für das Eintreten von B günstig.

Somit gilt:

$$W(B/A) = \frac{r}{a} = \frac{\frac{r}{n}}{\frac{a}{n}} = \frac{W(A \cap B)}{W(A)}$$

Kehren wir nun zum Fall in Bild 1.14 aus Paragraph 1.6 zurück, wo E eine beliebige Menge
und A und B zwei Teilmengen von E sind.

Der Versuch E_A hat ein Element von A und nur ein Element von A als Ergebnis. Bei
diesem Versuch ist A das sichere Ereignis.

Das Ereignis B/A beim Versuch E_A ist äquivalent dem Ereignis $A \cap B$ in E.

Das obige Resultat wird daher verallgemeinert zu einer Definition:

$$W(B/A) = \frac{W(A \cap B)}{W(A)}$$

Genauso kann man auch den Versuch E_B betrachten, in dem B das sichere Ereignis ist.
In diesem Fall hat man:

$$W(A/B) = \frac{W(A \cap B)}{W(B)}$$

Diese Formel schreibt man allgemein in der Form

$$\boxed{\begin{aligned} W(A \cap B) &= W(A) \cdot W(B/A) \\ &= W(B) \cdot W(A/B) \end{aligned}}$$

(1.15)

In dieser Form nennt man die Beziehung oft *„Theorem über zusammengesetzte Wahrscheinlichkeiten"*, obwohl es richtiger wäre zu sagen *„Axiom über zusammengesetzte
Wahrscheinlichkeiten"*.

Das Ergebnis verallgemeinern wir auf n Ereignisse:

$E_{A_1 \cap A_2 \cap \ldots \cap A_n}$ ist der Versuch, für den $A_1 \cap A_2 \cap \ldots \cap A_p$ das sichere Ereignis
ist (also eintritt).

Wir nehmen zum Beispiel drei Ereignisse A_1, A_2, A_3 des Versuchs E.

Nach (1.15) und wegen der Assoziativität der Durchschnittsbildung gilt $W(A_1 \cap A_2 \cap A_3) = W(A_1) \cdot W(A_2 \cap A_3/A_1)$.

$W(A_2 \cap A_3/A_1)$ ist die Wahrscheinlichkeit von $A_2 \cap A_3$ im Versuch E/A_1.

Falls nun bekannt ist, daß in diesem Versuch E/A_1 das Ereignis A_2 eingetreten ist, heißt das also, daß A_1 und A_2 eingetreten sind. Das Ereignis $A_1 \cap A_2$ wird zum sicheren Ereignis im Versuch $E_{A_1 \cap A_2}$ und es gilt:

$$W(A_2 \cap A_3/A_1) = W(A_2/A_1) \cdot W(A_3/A_1 \cap A_2)$$

Daraus folgt: $W(A_1 \cap A_2 \cap A_3) = W(A_1) \cdot W(A_2/A_1) \cdot W(A_3/A_1 \cap A_2)$.
Allgemein ergibt sich:

$$\boxed{W(A_1 \cap \cdots \cap A_n) = W(A_1) \cdot W(A_2/A_1) \cdots W(A_n/A_1 \cap A_2 \cap \cdots \cap A_{n-1})} \quad (1.16)$$

1.7.2. Die Unabhängigkeit von Ereignissen

Wir kehren zum Fall von zwei Ereignissen A und B des Versuchs zurück.

Im allgemeinen gilt $W(B/A) \neq W(B)$. Die Information, die man zusätzlich zur ursprünglichen Kenntnis vom Versuch E erhält, sobald man erfährt, daß A eingetreten ist, modifiziert mehr oder weniger die Wahrscheinlichkeit für B. Es kann jedoch vorkommen, daß die Wahrscheinlichkeit unverändert bleibt, d.h. daß

$$W(B/A) = W(B) \qquad\qquad (1.17)$$

Wie man leicht erkennt, folgt aus dieser Gleichung:

$$W(B/\overline{A}) = W(B).$$

In diesem Fall sagt man, die Ereignisse A und B seien *„stochastisch unabhängig"* (kürzer: *„unabhängig"*).

Die Unabhängigkeit ist eine symmetrische Beziehung. Man erkennt leicht, daß aus (1.17) folgt $W(A/B) = W(A)$.

Wenn A und B unabhängig sind, so gilt

$$\boxed{W(A \cap B) = W(A) \cdot W(B)} \qquad\qquad (1.18)$$

Gemäß der in Bild 1.14 aus Paragraph 1.6 angedeuteten Zerlegung wird die Unabhängigkeit von A und B ausgedrückt durch

$$\frac{\alpha}{\alpha + \beta} = \frac{\alpha + \gamma}{\alpha + \beta + \gamma + \delta}$$

Daraus folgt

$$\frac{\alpha}{\alpha + \beta} = \frac{\gamma}{\gamma + \delta} \quad \text{und} \quad \frac{\alpha}{\gamma} = \frac{\alpha + \beta}{\gamma + \delta}$$

d.h. $\quad \boxed{\dfrac{\alpha}{\gamma} = \dfrac{\beta}{\delta}}$

Bemerkung. Wir erinnern daran, daß wir zwei Ereignisse A und B als „unverträglich" bezeichnet hatten, wenn

$$W(A \cap B) = 0$$

und daß A und B unabhängig sind, wenn $W(B/A) = W(B)$.

Es seien A und B unverträgliche Ereignisse, von denen keines die Wahrscheinlichkeit 0 habe. Dann gilt $W(A \cap B) = 0$. Andererseits gilt auch $W(A \cap B) = W(A) \cdot W(B/A)$. Wegen $W(A) \neq 0$ folgt daraus $W(B/A) = 0$ und nach Annahme $W(B) \neq 0$. Unverträgliche Ereignisse können daher nicht unabhängig sein.

1.8. Übungen

Übung 1. Bei Shakespeare sagt Cäsar zu Antonius: „Die Mageren sind gefährlich". Unter Verwendung der Ausdrucksweise der Wahrscheinlichkeitstheorie unserer Zeit hätte er sagen müssen: „Die bedingte Wahrscheinlichkeit dafür, daß jemand gefährlich ist, von dem man weiß, daß er mager ist, ist größer als die bedingte Wahrscheinlichkeit dafür, daß jemand gefährlich ist, von dem man weiß, daß er dick ist."

Es gelte: G ist das Ereignis „der Mann ist gefährlich".
$\overline{G}$ ist das Ereignis „der Mann ist nicht gefährlich".
M ist das Ereignis „der Mann ist mager".
$\overline{M}$ ist das Ereignis „der Mann ist dick".

a) Wenn nach Cäsar $W(G/M) > W(G/\overline{M})$ gilt, welche der folgenden Ungleichungen kann man daraus ableiten?

(1) $W(G/M) > W(\overline{G}/M)$

(2) $W(M/G) > W(M/\overline{G})$

(3) $W(M/G) > W(\overline{M}/G)$

b) Wenn $W(\overline{M}) = 0{,}2$, $W(\overline{G}) = 0{,}7$ und $W(G \cap M) = 0{,}24$, sind dann die Ereignisse M und G unabhängig?

Lösung

a) Wir setzen $\alpha := W(G \cap M)$, $\beta := W(G \cap \overline{M})$

$\gamma := W(\overline{G} \cap M)$, $\delta := W(\overline{G} \cap \overline{M})$

mit $\alpha + \beta + \gamma + \delta = 1$.

Daraus folgt:

$$W(G/M) = \frac{\alpha}{\alpha + \gamma}; \quad W(G/\overline{M}) = \frac{\beta}{\beta + \delta}$$

Aus der Annahme $W(G/M) > W(G/\overline{M})$ schließt man:

$$\frac{\alpha}{\alpha + \gamma} > \frac{\beta}{\beta + \delta}$$

d.h. $\alpha\,\delta > \beta\,\gamma$.

Die Ungleichung (1) liefert $\dfrac{\alpha}{\alpha + \gamma} > \dfrac{\gamma}{\alpha + \gamma}$ d.h. $\alpha > \gamma$. Sie kann also nicht aus der Annahme abgeleitet werden.

Die zweite Ungleichung (2) lautet $\dfrac{\alpha}{\alpha + \gamma} > \dfrac{\gamma}{\alpha + \delta}$, woraus $\alpha\,\delta > \beta\,\gamma$ folgt. Dies läßt sich tatsächlich aus der Annahme ableiten.

Die Ungleichung (3) führt auf $\dfrac{\alpha}{\alpha + \beta} > \dfrac{\beta}{\alpha + \beta}$ d.h. $\alpha > \beta$, was nichts mit der Annahme zu tun hat.

Bild 1.15, worin $\alpha, \beta, \gamma, \delta$ proportional zu den Inhalten der einzelnen Rechtecke seien, illustriert den Fall, in dem sich die Ungleichungen (1) und (3) widersprechen.

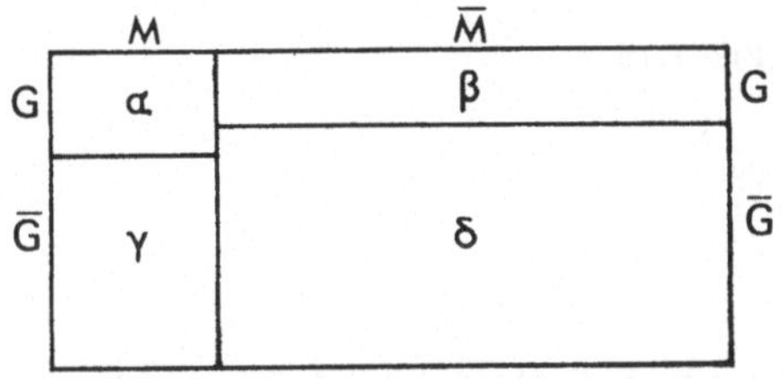

Bild 1.15

b) Wir berechnen $W(G/M)$.

$$W(G/M) = \frac{0,24}{1 - 0,2} = 0,3$$

Daraus folgt $W(G) = 1 - 0,7 = 0,3$.

Mit den Angaben in der Fragestellung sind die Ereignisse D und M unabhängig.

Übung 2. In einem Land gibt es zwei Fabriken, die Tennisbälle herstellen. Die Fabrik (1) stellt 80 % Bälle von der Qualität B, 5 % von der Qualität P und 15 % von der Qualität M her. Bei der Fabrik (2) sind die entsprechenden Prozentsätze b, p und m.

a) Unter welchen Bedingungen gestattet die Kenntnis von b, p und m den Prozentsatz aller Bälle der Qualität B im ganzen Land zu berechnen?

b) Man weiß, daß b = 92 % und daß im ganzen Land 89 % Bälle von der Qualität B vorhanden sind. Man vergleiche die Größe der Produktion beider Fabriken.

c) Neben den Angaben in b) weiß man, daß es im gesamten Land 5 % Bälle von der Qualität P gibt. Welche Werte haben p und m? Welchen Prozentsatz von Bällen der Qualität M stellt die Fabrik (2) her?

Lösung

a) Wir bezeichnen durch:

B das Ereignis: „Der Ball ist von der Qualität B".
P das Ereignis: „Der Ball ist von der Qualität P".
M das Ereignis: „Der Ball ist von der Qualität M".

(1) das Ereignis: „Der Ball wird von der Fabrik (1) hergestellt".
(2) das Ereignis: „Der Ball wird von der Fabrik (2) hergestellt".
(Vergleiche die Darstellung von Bild 1.16.)

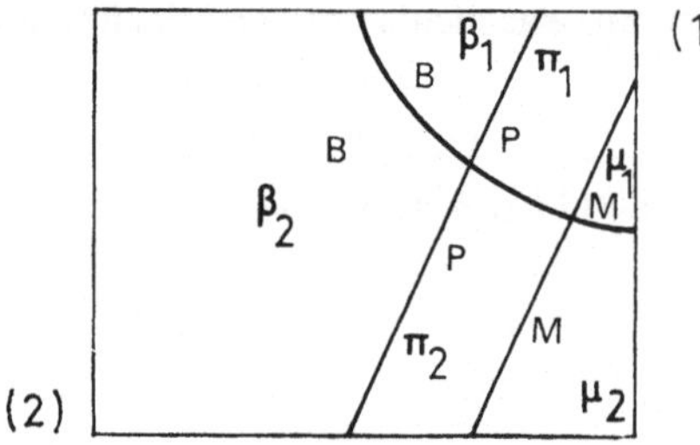

Bild 1.16

Wir setzen

$$\beta_1 := W(B \cap (1)), \quad \pi_1 := W(P \cap (1)), \quad \mu_1 := W(M \cap (1))$$

$$\beta_2 := W(B \cap (2)), \quad \pi_2 := W(P \cap (2)), \quad \mu_2 := W(M \cap (2))$$

mit $\quad \beta_1 + \beta_2 + \pi_1 + \pi_2 + \mu_1 + \mu_2 = 1$

Daraus schließt man

$$W(B/(1)) = \frac{\beta_1}{\beta_1 + \pi_1 + \mu_1}$$

$$W(B/(2)) = \frac{\beta_2}{\beta_2 + \pi_2 + \mu_2}$$

und

$$W(B) = \frac{\beta_1 + \beta_2}{\beta_1 + \beta_2 + \pi_1 + \pi_2 + \mu_1 + \mu_2}$$

Wenn man nur $W(B/(1))$ und $W(B/(2))$ kennt, kann man $W(B)$ nur in dem Fall erhalten, in dem die beiden Wahrscheinlichkeiten gleich sind. Das hieße $\boxed{b = 80\,\%}$ und folglich $p + m = 20\,\%$.

b) Es gilt

$$\frac{\beta_1}{\beta_1 + \pi_1 + \mu_1} = 0,8; \qquad \frac{\beta_2}{\beta_2 + \pi_2 + \mu_2} = 0,92;$$

$$\frac{\beta_1 + \beta_2}{\beta_1 + \pi_1 + \mu_1 + \beta_2 + \pi_2 + \mu_2} = 0,89$$

Es sei n_1/n_2 das Verhältnis der Produktion der Fabrik (1) zur Produktion der Fabrik (2):

$$n_1 \cdot 0,8 + n_2 \cdot 0,92 = (n_1 + n_2) \cdot 0,89$$

Daraus schließt man $\boxed{n_1/n_2 = 1/3}$ oder $\boxed{n_1/n_1 + n_2 = 1/4.}$ Die Fabrik (1) erstellt also ein Viertel der Gesamtproduktion.

c) Weiter haben wir:

$$\frac{\pi_1 + \pi_2}{\beta_1 + \pi_1 + \mu_1 + \beta_2 + \pi_2 + \mu_2} = 0,05$$

Wegen

$$p = \frac{\pi_2}{\beta_2 + \pi_2 + \mu_2}, \quad m = \frac{\mu_2}{\beta_2 + \pi_2 + \mu_2}$$

und

$$\frac{\pi_1}{\beta_1 + \pi_1 + \mu_1} = 0,05 \qquad \text{gilt} \quad \boxed{p = 0,05}.$$

und man findet $\boxed{m = 0,03}$.

Schließlich ist der Prozentsatz der Bälle von der Qualität M, die von der Fabrik (2) produziert werden, gleich $W((2)/M)$.

Wir haben

$$W(M \cap (2)) = W(M) \cdot W((2)/M) \qquad W(M) = 1 - 0,89 - 0,05 = \frac{6}{100}$$

Ebenso gilt

$$W(M \cap (2)) = W(2) \cdot W(M/(2)) = \frac{3}{4} \times \frac{3}{100} = \frac{3}{400}$$

Daraus folgt

$$\boxed{W((2)/M) = \frac{3}{8}}$$

Übung 3. Ein Viertel einer Bevölkerung ist gegen eine ansteckende Krankheit geimpft worden. Im Verlaufe einer Epidemie stellt man fest, daß von je fünf Kranken nur einer geimpft ist.

a) Hat die Impfung irgendeine Wirksamkeit?

b) Man weiß zusätzlich, daß unter zwölf Geimpften nur ein Kranker ist. Mit welcher Wahrscheinlichkeit wird ein Nicht-Geimpfter krank?

Lösung

a) Wir bezeichnen durch I das Ereignis „geimpft" und durch K das Ereignis „erkrankt". Wir setzen $W(I) = 1/4$ und $W(I/K) = 1/5$.

Die Ereignisse I und K sind also nicht unabhängig. Im allgemeinen bedeutet das, daß die Impfung eine gewisse Wirksamkeit hat.

b) Wir berechnen nun $W(K/\bar{I})$. Zusätzlich ist gegeben $W(K/I) = 1/12$.

Wir schreiben:

$$W(K \cap \bar{I}) = W(K) \cdot W(\bar{I}/K) = W(\bar{I}) \cdot W(K/\bar{I}).$$

Daraus folgt:

$$W(K/\bar{I}) = \frac{W(K) \cdot W(\bar{I}/K)}{W(\bar{I})}$$

$$W(\bar{I}) = 3/4, \quad \text{da } W(I) = 1/4,$$

$$W(\bar{I}/K) = 4/5, \quad \text{da } W(I/K) = 1/5.$$

Es bleibt noch $W(K)$ zu bestimmen.
Wir schreiben:

$$W(K \cap I) = W(K) \cdot W(I/K) = W(I) \cdot W(K/I).$$

Daraus folgt

$$W(K) = \frac{W(I) \cdot W(K/I)}{W(I/K)}$$

$$W(K) = 5/48 \quad \text{und} \quad \boxed{W(K/\bar{I}) = 1/9} \ .$$

Übung 4. Das Chicago-Problem

a) In einem Tanzsaal befinden sich n verheiratete Paare, aber keine Unverheirateten. Die Tänzer wählen zufällig jeder eine Tänzerin. Mit welcher Wahrscheinlichkeit tanzt jeder mit seiner Frau?

b) Nach dem Tanz setzen sich alle zufällig auf einen der 2n Sessel im Saal. Diese Sessel sind paarweise angeordnet, jedes Paar an einem eigenen Tisch für zwei Personen. Mit welcher Wahrscheinlichkeit sitzt jeder Mann seiner Frau gegenüber?

c) Unter den Bedingungen von a) beginnt ein neuer Tanz. Mit welcher Wahrscheinlichkeit tanzt kein Mann mit seiner Frau? Welchen Grenzwert besitzt diese Wahrscheinlichkeit, wenn n unbeschränk wächst?

Lösung

a) Es sind n Tänzerinnen vorhanden. Die Anzahl der Permutationen (mögliche Fälle) ist n! Es gibt nur einen günstigen Fall.

Die gesuchte Wahrscheinlichkeit ist also 1/n!

Eine andere Betrachtungsweise ist die folgende: Es sei A_i das Ereignis „der Tänzer i tanzt mit seiner Frau". (Man kann in der Tat annehmen, daß die Tänzer numeriert sind, z.B. in alphabetischer Reihenfolge.)

Das Ereignis, dessen Wahrscheinlichkeit gesucht wird, ist dann

$$A = \bigcap_{i=1}^{n} A_i$$

Es gilt

$$W(A) = W(A_1 \cap A_2 \cap \ldots \cap A_n)$$
$$= W(A_1) \cdot W(A_2/A_1) \cdot W(A_3/A_2 \cap A_1) \cdot W(A_n/A_1 \cap A_2 \cap \ldots \cap A_{n-1})$$

$$W(A_1) = \frac{1}{n}$$

$$W(A_2/A_1) = \frac{1}{n-1}$$

$$\ldots\ldots\ldots\ldots\ldots$$

$$W(A_k/A_1 \cap A_2 \cap \ldots \cap A_{k-1}) = \frac{1}{n-k+1}$$

$$W(A_n/A_1 \cap A_2 \cap \ldots \cap A_{n-1}) = 1$$

Daraus folgt

$$W(A) = \frac{1}{n(n-1)\ldots 2 \cdot 1} = \frac{1}{n!}$$

b) Wir lösen das Problem mit Hilfe der vorangehenden Überlegung. Es sei B_i das Ereignis: „Herr i sitzt seiner Frau gegenüber". Das Ereignis B, dessen Wahrscheinlichkeit gesucht wird, ist dann

$$B = \bigcap_{i=1}^{n} B_i$$

Diesmal gilt:

$$W(B_1) = \frac{1}{2n-1}, \quad W(B_2/B_1) = \frac{1}{2n-3}, \ \ldots$$

$$W(B_k/B_1 \cap B_2 \cap \ldots \cap B_{k-1}) = \frac{1}{2n-2k+1}$$

$$W(B_n/B_1 \cap B_2 \cap \ldots \cap B_{n-1}) = 1$$

Daraus folgt

$$W(B) = \frac{1}{1 \cdot 3 \cdot 5 \ldots (2n-3)(2n-1)}$$

c) Nun suchen wir die Wahrscheinlichkeit des Ereignisses:

$$\bigcap_{i=1}^{n} \overline{A}_i$$

Es gilt

$$\bigcap_{i=1}^{n} \overline{A}_i = \overline{\bigcup_{i=1}^{n} A_i}$$

Daraus folgt

$$W\left(\bigcap_{i=1}^{n} \overline{A}_i\right) = W\left(\overline{\bigcup_{i=1}^{n} A_i}\right) = 1 - W\left(\bigcup_{i=1}^{n} A_i\right)$$

Nach den Theoremen über totale Wahrscheinlichkeiten haben wir:

$$W\left(\bigcup_{i=1}^{n} A_i\right) = \sum_{i} W(A_i) - \sum_{i \neq j} W(A_i \cap A_j) + \ldots + (-1)^{n+1} \cdot W\left(\bigcap_{i=1}^{n} A_i\right)$$

Es gilt

$$W(A_i) = \frac{1}{n} \quad \text{und} \quad \sum_i W(A_i) = \frac{n}{n} = 1$$

$$W(A_i \cap A_j) = W(A_i) \cdot W(A_j/A_i) = \frac{1}{n\,(n-1)}$$

$$\sum_{i \neq j} W(A_i \cap A_j) = C_n^2 \cdot \frac{1}{n\,(n-1)} = \frac{1}{2!}$$

$$W\left(\bigcap_{k=1}^{p} A_k\right) = \frac{1}{n\,(n-1)\ldots(n-p+1)}$$

und

$$\sum W\left(\bigcap_{k=1}^{p} A_k\right) = C_n^p \cdot \frac{1}{n\,(n-1)\ldots(n-p+1)} = \frac{1}{p!}$$

Man erhält also:

$$W\left(\bigcup_{i=1}^{n} A_i\right) = 1 - \frac{1}{2!} + \frac{1}{3!} - \ldots + (-1)^{n+1}\frac{1}{n!}$$

und dies liefert

$$W\left(\bigcap_{i=1}^{n} \bar{A}_i\right) = \frac{1}{2!} - \frac{1}{3!} + \ldots + (-1)^n\frac{1}{n!}$$

Für $n \to \infty$ hat die Wahrscheinlichkeit den Grenzwert $1/e$.

Übung 5. Zwei Spieler A und B spielen gegeneinander eine Folge von Partien. Für jede Partie ist die Wahrscheinlichkeit für einen Sieg von A gleich p und für einen Sieg von B gleich $q = 1 - p$, und zwar unabhängig von der Nummer der Partie und vom Ausgang der früheren Partien. Das Spiel endet, wenn ein Spieler zwei Partien mehr gewonnen hat als der andere. Welche Wahrscheinlichkeit besteht für jeden Spieler, daß er das Spiel gewinnt?

Lösung. Nach den Spielregeln ist es klar, daß jeder Spieler höchstens nach einer geraden Zahl von Partien gewinnen kann. Andererseits hat nach einer geraden Anzahl von Partien entweder einer der beiden Spieler das Spiel gewonnen oder die beiden Spieler haben je gleich viele Gewinne.

3 Vaupuois

A bedeute das Ereignis: „Der Spieler A hat das Spiel gewonnen". A_n bedeute: „Der Spieler A hat nach Ende der 2n-ten Partie das Spiel gewonnen". E_{2n} bedeute: „Gleichheit zwischen A und B nach Ende der 2n-ten Partie". V_p bedeute: „A gewinnt die p-te Partie".

Unter diesen Bedingungen gilt:

$$A = \bigcup_{k=1}^{\infty} A_{2k}$$

und außerdem

$$A_{2n} = E_{2\,(n-1)} \cap V_{2n-1} \cap V_{2n}$$

was zum Ausdruck bringt, daß A das Spiel nach der 2n-ten Partie gewonnen hat, wenn zwei Partien vorher Gleichheit herrschte und er die beiden letzten Partien gewonnen hat.

Nach Angabe gilt:

$$W(V_{2n-1}) = W(V_{2n}) = p$$

Also ist

$$W(A_{2n}) = p^2 \cdot W(E_{2\,(n-1)}).$$

Die Ereignisse E_{2k} erhält man rekursiv.

In der Tat ist E_0 ein sicheres Ereignis, da vor der ersten Partie Gleichheit herrscht.

Es gilt weiter:

$$E_{2\,(n-1)} = E_{2\,(n-2)} \cap [((V_{2n-3} \cap \overline{V}_{2n-2})) \cup ((\overline{V}_{2n-3} \cap V_{2n-2}))]$$

Gleichheit herrscht bei der 2n-2-ten Partie nämlich dann und nur dann, wenn zwei Partien früher Gleichheit herrschte ($E_{2\,(n-2)}$) und wenn A die vorletzte Partie gewonnen und die letzte verloren hat oder wenn er die vorletzte Partie verloren und die letzte gewonnen hat. Wir haben aber

$$W(V_{2n-3}) = W(V_{2n-2}) = p$$
$$W(\overline{V}_{2n-2}) = W(\overline{V}_{2n-3}) = q$$

Daraus folgt

$$W(E_{2\,(n-1)}) = 2pq \cdot W(E_{2\,(n-2)})$$

und somit

$$W(E_{2\,(n-1)}) = 2^{n-1}\, p^{n-1}\, q^{n-1}$$

und

$$W(A_{2n}) = 2^{n-1} \, p^{n+1} \, q^{n-1}$$

Schließlich gilt

$$W(A) = \sum_{n=1}^{\infty} 2^{n-1} \, p^{n+1} \, q^{n-1}$$

Der letzte Ausdruck ist eine konvergente geometrische Reihe in 2pq, multipliziert mit dem Faktor p^2. Folglich gilt

$$\boxed{W(A) = \frac{p^2}{1 - 2pq} = \frac{p^2}{p^2 + q^2}} \qquad (\text{da } p + q = 1)$$

Aus Symmetriegründen ist die Gewinnwahrscheinlichkeit des Spielers B:

$$\boxed{W(B) = \frac{q^2}{p^2 + q^2}}$$

1.9. Das Problem der Wahrscheinlichkeit der Ursachen – Das Theorem von Bayes

E sei ein Versuch, für den die endliche Menge von unverträglichen Ereignissen $C_1, C_2, \ldots, C_n$ eine Basis bilde. Es gilt also

$$C_i \cap C_j = \phi \quad \text{für} \quad i \neq j, \, i, j = 1, 2, \ldots, n$$

und

$$\bigcup_{i=1}^{n} C_i = E.$$

Wir setzen $q_i := W(C_i)$ und haben $\sum_{i=1}^{n} q_i = 1$. Jedem C_i ordnen wir einen Versuch E_i' zu, der ein Ereignis A als Ergebnis haben kann (oder nicht haben kann).

Für $i = 1, 2, \ldots, n$ setzen wir $p_i := W(A/C_i)$. Man führe nun der Reihe nach zuerst den Versuch E und dann je nach Versuchsergebnis den entsprechenden Versuch E_i' durch. Hierauf werde bekannt gegeben, daß das Ereignis A eingetreten sei, ohne etwas über das Zwischenergebnis zu verlauten.

Gesucht sind dabei nun die Wahrscheinlichkeiten $W(C_i/A)$, d.h. die Wahrscheinlichkeiten für die verschiedenen Ursachen von A, wenn man weiß, daß A eingetreten ist.

Die Wahrscheinlichkeiten $W(A/C_i)$ und $W(C_i)$ heißen „a priori"-Wahrscheinlichkeiten, während die Wahrscheinlichkeiten $W(C_i/A)$ als „a posteriori"-Wahrscheinlichkeiten bezeichnet werden. Es handelt sich dabei um die Wahrscheinlichkeiten für die Ursachen eines Ereignisses, das bereits eingetreten ist.

Für jedes i gilt die Gleichung:

$$W(A \cap C_i) = W(A) \cdot W(C_i/A) = W(C_i) \cdot W(A/C_i)$$

d.h.

$$W(A) \cdot W(C_i/A) = q_i p_i$$

Durch Summieren der Glieder von 1 bis n erhalten wir

$$W(A) \cdot \sum_{i=1}^{n} W(C_i/A) = \sum_{i=1}^{n} p_i q_i$$

Für $i \neq j$ sind jedoch C_i/A und C_j/A unverträglich. Also gilt

$$\sum_{i=1}^{n} W(C_i/A) = W\left[\bigcup_{i=1}^{n} (C_i/A)\right]$$

$\bigcup_{i=1}^{n} (C_i/A)$ ist aber das sichere Ereignis, da A nur durch eine der Ursachen erzeugt werden kann. Also gilt

$$\sum_{i=1}^{n} W(C_i/A) = 1$$

Daraus schließt man: $W(A) = \sum_{i=1}^{n} p_i q_i$ und für alle i:

$$\boxed{W(C_i/A) = \frac{p_i q_i}{\sum_{i=1}^{n} p_i q_i}}$$

Dieses Resultat stellt den Inhalt des Theorems von Bayes dar.

Beispiel. Wir betrachten eine Menge von Urnen $U_1, \ldots, U_N$, welche weiße und schwarze Kugeln enthalten. Es kann vorkommen, daß gewisse davon nur Kugeln von einer Farbe haben. Keine Urne jedoch ist leer.

Wir fassen die Urnen in Gruppen $C_1, \ldots, C_n$ zusammen. Zwei Urnen gehören zur selben Gruppe, wenn in ihnen weiße und schwarze Kugeln im selben Verhältnis vorkommen. A bezeichne das Ereignis: „Eine weiße Kugel wird gezogen". Für jede Urne der Familie C_i hat dann $W(A/C_i) = p_i$ denselben Wert.

Wählt man zuerst zufällig eine Urne aus, so ist die Wahrscheinlichkeit dafür, daß sie zur Familie C_i gehört (Ereignis C_i)

$$W(C_i) = q_i \; .$$

q_i bedeutet dabei die Anzahl der Urnen in C_i im Verhältnis zur Gesamtanzahl der Urnen.

Die Versuchsfolge besteht in der Wahl einer Urne und anschließendem Herausnehmen einer Kugel. Wenn das Endergebnis lautet: „Eine weiße Kugel wurde gezogen", so ist die Wahrscheinlichkeit dafür, daß die Kugel aus einer Urne vom Typ C_i stammt:

$$W(C_i/A) = \frac{p_i q_i}{\displaystyle\sum_{i=1}^{n} p_i q_i} \; .$$

2. Zufallsvariable

2.1. Der Begriff der Zufallsvariablen und die Wahrscheinlichkeitsverteilung

Wenn man jedem Ergebnis eines Versuchs auf gewisse Art eine reelle Zahl zuordnen kann, so spricht man von einer *Zufallsvariablen*.

Beispiele. a) Die sechs Flächen eines Würfels sind mit 1 bis 6 numeriert. Der Versuch bestehe im Werfen des Würfels. Das Resultat ist die obere horizontale Fläche nach dem Ausrollen des Würfels. Die Zahl, die man dem Ergebnis zuordnet, ist die Nummer dieser Fläche. Die so erzeugte Zufallsvariable kann alle ganzzahligen Werte von 1 bis 6 annehmen.

b) Die Zahl der Anrufe in einer Telefonzentrale während eines gegebenen Zeitintervalls der Länge T ist eine Zufallsvariable. Sie kann die Werte 0, 1, 2, . . . annehmen.

c) Beim Münzenspiel „Kopf oder Wappen" ist die Anzahl der Ereignisse „Kopf" nach n Spielen eine Zufallsvariable, die die n + 1 Werte 0, 1, . . . , n annehmen kann.

d) Beim Schießen auf eine Scheibe ist der Abstand des Einschlagpunkts vom Zentrum der Scheibe eine Zufallsvariable, die beliebige nicht-negative Werte annehmen kann.

e) Die Länge des Zeitintervalls zwischen zwei aufeinanderfolgenden Ankünften von Kunden in einem Warenhaus ist eine Zufallsvariable, die beliebige positive Werte annehmen kann.

Diese Beispiele für Zufallsvariable könnte man ohne Ende fortsetzen. Man erkennt, daß die Menge der für eine Zufallsvariable möglichen Werte endlich (a, c), abzählbar (b) oder ein Kontinuum (d, e) sein kann. Der letzte Fall trifft oft dann zu, wenn die Zufallsvariable eine physikalische Größe mißt (Abstand, Temperatur, Geschwindigkeit, Zeit, usw.). Zur Festlegung einer Zufallsvariablen ist es also wichtig, daß man vorerst die Menge ihrer möglichen Werte bestimmt.

Ebenso wichtig ist es, daß man die Wahrscheinlichkeit für das Ereignis $X \in I$ festlegen kann, wobei I ein Intervall bedeutet. Das Ereignis $X \in I$ bedeutet: „Der Wert der Zufallsvariablen nach Beendigung des Versuchs liegt im Intervall I".

In der Lage sein, zu jedem I die Wahrscheinlichkeit $W(X \in I)$ bestimmen zu können, heißt „die Wahrscheinlichkeitsverteilung der Variablen X" kennen[1]). Aus der Kenntnis der Wahrscheinlichkeitsverteilung heraus kann man dann die Menge der möglichen Werte herleiten. Es gibt mehrere Möglichkeiten für die Darstellung einer Wahrscheinlichkeitsverteilung.

---

[1]) Wie man in 1.5.3 gesehen hat, wird eine Basis für die Ereignisalgebra in R (Menge der reellen Zahlen) durch die Intervalle definiert. Es genügt also zur Definition der Wahrscheinlichkeitsverteilung, wenn man nur von Intervallen spricht.

a) Diskrete Zufallsvariable mit endlichem Wertebereich

Hier liegt der Fall vor, in dem die Menge aller möglichen Werte endlich ist. $x_1, \ldots, x_n$ seien diese Werte. Wenn man für jedes i (i = 1, 2, $\ldots$, n) die Wahrscheinlichkeit $W(X = x_i)$ für das Ereignis $X = x_i$ angibt, so ist die Wahrscheinlichkeitsverteilung für diese Zufallsvariable vollkommen bestimmt.

Wir setzen $p_i := W(X = x_i)$.

Da X nur die Werte $x_1, x_2, \ldots, x_n$ annehmen kann, einen davon aber annehmen muß, ist $\bigcup_{i=1}^{n} (X = x_i)$ das sichere Ereignis. Daraus folgt, daß

$$\sum_{i=1}^{n} p_i = 1 \tag{2.1}$$

b) Diskrete Zufallsvariable mit unendlichem Wertebereich

Hier ist nun die Menge aller möglichen Werte abzählbar. Auch für eine derartige Variable ist eine Darstellung der Wahrscheinlichkeitsverteilung durch Angabe der Wahrscheinlichkeiten für die Ereignisse $X = x_i$ möglich.

Auch hier setzen wir $p_i := W(X = x_i)$.

Auf Grund derselben Bemerkung wie im vorangehenden Fall genügen die p_i der Gleichung

$$\sum_{i=1}^{\infty} p_i = 1 \tag{2.1'}$$

d.h. es handelt sich um die Glieder einer konvergenten Reihe, deren Summe 1 ist.

c) Stetige Zufallsvariable

Die Menge aller möglichen Werte ist stetig. Wir stoßen wieder auf das Problem der Definition geometrischer Wahrscheinlichkeiten. Die Ereignisse $X = x$ haben die Wahrscheinlichkeit 0 (außer wenn es sich um gemischte Variable handelt).

In solchen Fällen kann man die Wahrscheinlichkeitsverteilung durch die Angabe von $W(X < x)$ festlegen, d.h. durch Angabe der Wahrscheinlichkeiten für die Ereignisse

$$X \in \,]-\infty, x\, [\ \text{für alle x}$$

Die Größe $W(X < x)$ ist eine Funktion von x, und man definiert

$$\boxed{F(x) \overset{\text{def}}{=} W(X < x)} \tag{2.2}$$

$F(x)$ heißt *Verteilungsfunktion* der Zufallsvariablen X.

Man bemerkt, daß die Verteilungsfunktion auch zur Beschreibung der Wahrscheinlichkeitsverteilung von diskreten Variablen in den beiden vorhergehenden Fällen geeignet ist. In
der Praxis ist es jedoch offensichtlich bequemer, wenn man die einzelnen Wahrscheinlichkeiten der Ereignisse $X = x_i$ angeben kann. Es steht allerdings fest, daß die Verteilungsfunktion ein Mittel zur Darstellung der Wahrscheinlichkeitsverteilung für beliebige Zufallsvariable bietet, unabhängig von der Natur dieser Variablen.

Kehren wir zum Fall der stetigen Variablen zurück. Wenn $F(x)$ für alle x mit Ausnahme
von höchstens endlich vielen Punkten eine Ableitung $f(x)$ besitzt und wenn

$$F(x) = \int_{-\infty}^{x} f(u)\,du$$

so bezeichnet man die Funktion $f(x)$ als „*Wahrscheinlichkeitsdichte*" der Zufallsvariablen
X und nennt diese Variable selbst „*absolut stetig*".

d) Gemischte Zufallsvariable

In diesem Fall besitzt die Zufallsvariable eine Wahrscheinlichkeitsdichte $f(x)$ mit

$$\int_{-\infty}^{+\infty} f(x)\,dx = 1 - \alpha \qquad 0 < \alpha < 1$$

und außerdem für eine gewisse abzählbare Menge von Werten diskrete Wahrscheinlichkeiten.
Es seien $x_1, \ldots, x_n$ diese Werte mit

$$p_1 := W(X = x_1), \ldots, p_n := W(X = x_n)$$

Dann gilt

$$\sum_{i=1}^{n} p_i = \alpha$$

Die Verteilungsfunktion ist daher eine Funktion, die in den Punkten $x = x_i$ im eigentlichen
Sinn unstetig ist.

2.2. Übungen

Übung 1. Ein Nachtwächter muß während seines Rundgangs im Dunkeln eine Tür öffnen.
Er besitzt einen Schlüsselbund mit 10 Schlüsseln von ähnlicher Form, aber nur einer öffnet
die fragliche Tür. Der Versuch mit einem Schlüssel erfolgt zufällig. Der Nachtwächter verfügt über zwei Methoden.

Die rationale Methode, als Methode A bezeichnet, besteht darin, die Schlüssel der Reihe nach zu probieren und zu verhindern, daß zweimal derselbe Schlüssel an die Reihe kommt.

Die Methode B (ohne Ordnung) besteht darin, den Schlüsselbund zu schwenken und dann auf gut Glück einen der Schlüssel zu versuchen. Bei jedem Versuch des Wächters mit einem Schlüssel kann dieser schon an der Reihe gewesen sein oder nicht.

a) X_A sei die Zufallsvariable, die die Nummern der nach Methode A versuchten Schlüssel angibt (auch von denen, die schließlich aufsperren). Man bestimme die Wahrscheinlichkeitsverteilung für X_A.

b) Die analoge Bedeutung habe die Zufallsvariable X_B bei der Methode B. Man bestimme die Wahrscheinlichkeitsverteilung für X_B.

c) Mit welcher Wahrscheinlichkeit muß man bei der Methode A mehr als 8 Schlüssel versuchen? Mit welcher Wahrscheinlichkeit bei der Methode B?

d) Der Wächter verwendet die Methode A, wenn er nüchtern ist, und die Methode B, wenn er betrunken ist. Ein im Inneren versteckter Einbrecher weiß, daß der Wächter an einem von drei Tagen immer betrunken ist. Wie groß ist die bedingte Wahrscheinlichkeit dafür, daß der Wächter betrunken ist, wenn man weiß, daß die ersten acht Versuche mit einem Schlüssel fehlgegangen sind?

Lösung. a) X_A ist eine Zufallsvariable, die die Werte 1 bis 10 annehmen kann. Alle 10 Werte sind gleich wahrscheinlich. $W(X_A = n) = 1/10$ für $n = 1, 2, \ldots, 10$. In der Tat gilt $W(X_A = 1) = 1/10$ (ein günstiger Fall unter 10 möglichen), $W(X_A = 2)$ ist die bedingte Wahrscheinlichkeit für einen Erfolg, wenn man weiß, daß der erste Versuch fehlgeschlagen ist.

$$W(X_A = 2) = \frac{1}{9} \cdot \frac{9}{10} = \frac{1}{10}$$

Für die Wahrscheinlichkeit, daß der n-te Versuch ein Mißerfolg ist, erhält man ebenso $\dfrac{10 - n}{10 - n + 1}$, wenn man weiß, daß die $n - 1$ vorhergehenden Mißerfolge waren.

Die Wahrscheinlichkeit für einen erfolgreichen n-ten Versuch ist $1/10 - n + 1$, wenn man weiß, daß die vorhergehenden Versuche Mißerfolge waren. Daraus folgt

$$W(X_A = n) = \frac{9}{10} \times \frac{8}{9} \times \frac{7}{8} \times \ldots \times \frac{10 - n + 1}{10 - n + 2} \times \frac{1}{10 - n + 1} = \frac{1}{10}$$

b) X_B ist eine Zufallsvariable, deren Wertebereich die positiven ganzen Zahlen sind. Bei jedem Versuch ist die Wahrscheinlichkeit für ein Gelingen gleich 1/10. Die Wahrscheinlichkeit für einen Mißerfolg ist 9/10. Daraus folgt

$$W(X_B = n) = \left(\frac{9}{10} \right)^{n-1} \frac{1}{10}$$

Man weist leicht nach, daß $\displaystyle\sum_{n=1}^{\infty} \left(\frac{9}{10}\right)^{n-1} \frac{1}{10} = 1$ (geometrische Reihe).

c) Die Wahrscheinlichkeit dafür, mehr als acht Schlüssel versuchen zu müssen, ist gleich der Wahrscheinlichkeit dafür, daß die acht Versuche Mißerfolge sind. Sie ist

$2/10 = 0,2$ nach der Methode A,

$(9/10)^8 \approx 0,43$ nach der Methode B.

d) Diese Frage gibt Anlaß zu einer Anwendung des Theorems von Bayes. Es gelte:

A ist das Ereignis: Der Wächter verwendet Methode A,
B ist das Ereignis: Der Wächter verwendet Methode B,
H ist das Ereignis: Acht Versuche waren Mißerfolge.

Die Angaben sind:

$$W(A) = 2/3; \quad W(B) = \frac{1}{3}; \quad W(H/A) = 0,2; \quad W(H/B) = 0,43$$

Gesucht ist $W(B/H)$.

Es gilt:

$$W(B/H) = \frac{\frac{1}{3} \times 0,43}{\frac{2}{3} \times 0,2 + \frac{1}{3} \times 0,43} = 0,52$$

Übung 2. Im Inneren einer Kugel S mit dem Mittelpunkt 0 und dem Radius R wird willkürlich ein Punkt M gewählt. (Die Wahrscheinlichkeit dafür, daß M zu einem vorgegebenen Teil von S gehört, ist proportional dem Volumen dieses Teils.)
Welche Wahrscheinlichkeitsverteilung hat der Abstand des Punkts M vom Mittelpunkt der Kugel?

Lösung. Es sei X die Zufallsvariable, welche die Entfernung zwischen 0 und M beschreibt. Die Menge der möglichen Werte ist die Menge aller Zahlen aus $[\![0, R]\!]$. X ist eine absolut stetige Variable.

a) Man drücke die Wahrscheinlichkeitsverteilung mit Hilfe der Verteilungsfunktion $F(x)$ aus. $F(x) = W(X < x)$: Diese Größe ist 0, wenn $x < 0$ (unmögliches Ereignis), sie ist gleich 1, wenn $x > R$ (sicheres Ereignis). Für $0 \leqslant x \leqslant R$ gilt

$$W(X < x) = \frac{\frac{4}{3}\pi x^3}{\frac{4}{3}\pi R^3} = \frac{x^3}{R^3}$$

Daraus folgt

$$F(x) = \begin{cases} 0 \text{ für } x \in \,]-\infty, 0\,[\\[2mm] \dfrac{x^3}{R^3} \text{ für } x \in [\![0, R]\!] \\[2mm] 1 \text{ für } x \in \,]\,R, \infty\,[\end{cases}$$

b) Jetzt kann man die Wahrscheinlichkeitsverteilung von X mit Hilfe der Wahrscheinlichkeitsdichte f(x) ausdrücken:

$$f(x) = \begin{cases} 0 \text{ für } x \notin [\![0, R]\!] \\[2mm] \dfrac{3x^2}{R^3} \text{ für } x \in [\![0, R]\!] \end{cases}$$

2.3. Eigenschaften der Verteilungsfunktion

a) $F(x)$ ist eine nicht abnehmende Funktion von x. In der Tat gilt für $x_2 > x_1$

$$F(x_2) = W(x < x_2) = W(x < x_1) + W(x_1 \leqslant X < x_2)$$

also $F(x_2) \geqslant W(X < x_1)$ d.h. $F(x_2) \geqslant F(x_1)$.
Daraus folgt die Existenz der folgenden Grenzwerte:

$$\lim_{\epsilon \to 0} F(x - \epsilon); \quad \lim_{\epsilon \to 0} F(x + \epsilon); \quad \lim_{x \to +\infty} F(x); \quad \lim_{x \to -\infty} F(x)$$

Wir bezeichnen in der Folge

$$\lim_{\epsilon \to 0} F(x - \epsilon) \text{ durch } F(x - 0)$$

$$\lim_{\epsilon \to 0} F(x + \epsilon) \text{ durch } F(x + 0)$$

$$\lim_{x \to \infty} F(x) \text{ durch } F(+\infty)$$

$$\lim_{x \to -\infty} F(x) \text{ durch } F(-\infty)$$

b) $F(+\infty) = 1$; $F(-\infty) = 0$.

c) $F(x)$ ist eine von links stetige Funktion, d.h. für beliebige x gilt $F(x - 0) = F(x)$.
Es sei etwa $x_1, x_2, \ldots, x_n$ eine gegen x strebende zunehmende Folge von Zahlen. A_1 sei das Ereignis $X < x_1$, und für $n > 1$ sei A_n das Ereignis „$x_n \leqslant X < x_{n+1}$". Auf Grund

dessen, was wir über die Ereignisalgebra gesagt haben, dürfen wir schreiben
$(X < x) = A_1 \cup A_2 \cup \ldots \cup A_n \cup \ldots$, wobei die A_i paarweise unverträglich sind. Das Axiom von der vollständigen Additivität liefert dann:

$$F(x) = W(X < x) = \sum_{n=1}^{\infty} W(A_n)$$

Also haben wir

$$\lim_{n \to +\infty} [W(A_1 + A_2 + \ldots + A_n)] = \lim_{n \to \infty} [W(X < x_{n+1})]$$

$$= \lim_{n \to \infty} [F(x_{n+1})] = F(x)$$

Da $F(x)$ nicht abnehmend ist, ist die Behauptung bewiesen.

d) Umgekehrt kann man jede Funktion, welche die Eigenschaften a), b) und c) besitzt, zur Definition der Wahrscheinlichkeitsverteilung einer Zufallsvariablen X heranziehen.

In der Tat, nehmen wir an, das Ereignis A bestehe in der Realisation eines Wertes x für X, der zu einer Menge A gehört.

Wenn A ein Intervall (a, b) ist, so gilt, je nachdem, ob die Intervallgrenzen eingeschlossen sind oder nicht:

$$\begin{cases} W(A) = W(a \leqslant X < b) = F(b) - F(a) \\ W(A) = W(a \leqslant X \leqslant b) = F(b+0) - F(a) \\ W(A) = W(a < X < b) = F(b) - F(a+0) \\ W(A) = W(a < X \leqslant b) = F(b+0) - F(a+0) \end{cases}$$

Im diskreten Fall kann die Zufallsvariable X nur endlich oder abzählbar viele Werte $x_1, x_2, \ldots, x_n, \ldots$ annehmen, wobei zu jedem möglichen Wert x_i die Wahrscheinlichkeit P_i gehört.

$$P_i := W(X = x_i)$$

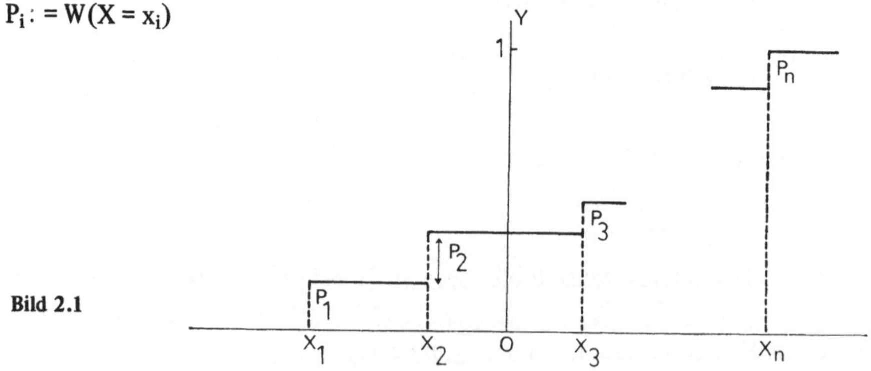

Bild 2.1

$F(x)$ wird dann durch die folgende Summe ausgedrückt:

$$F(x) = \sum_i P_i \quad (\text{über alle } i \text{ mit } x_i < x)$$

Das Schaubild ist eine Treppenkurve, die schließlich in der Geraden $y = 1$ endet. Die Punkte x_i sind Unstetigkeitspunkte für $F(x)$:

$$F(x_i + 0) - F(x_i) = W(X = x_i) = P_i$$

Im Falle einer absolut stetigen Variablen existiert eine Dichte $f(x)$:

$$dF(x) = f(x)\,dx = W(x \leqslant X < x + dx)$$

$$\text{und} \quad \int_{-\infty}^{+\infty} f(x)\,dx = 1$$

2.4. Die gleichmäßige Verteilung

Im Falle einer diskreten Variablen existiert diese Verteilung nur dann, wenn der Wertebereich von X endlich ist.

In diesem Fall gilt $W(X = x_i) = 1/n$ für alle $i = 1, 2, \ldots, n$.

Von einer absolut stetigen Variablen sagt man, sie sei über einem Intervall (a, b) „gleichmäßig verteilt" (oder auch sie gehorche einer gleichmäßigen Verteilung über diesem Intervall), wenn die Wahrscheinlichkeitsdichte über diesem Intervall konstant und außerhalb davon Null ist.

Wegen $\displaystyle\int_{-\infty}^{+\infty} f(x)\,dx = 1$, erhält man $\displaystyle\int_a^b k\,dx = 1$ und daraus $k = \dfrac{1}{b-a}$. Die Dichte ist daher

gegeben durch

$$f(x) = \begin{cases} \dfrac{1}{b-a} & \text{für } x \in [\![a, b]\!] \\[2ex] 0 & \text{für } x \notin [\![a, b]\!] \end{cases}$$

Daraus schließt man für die Verteilungsfunktion:

$$F(x) = \begin{cases} 0 & \text{für } x \in \,]\!]-\infty, a[\![\\[2ex] \dfrac{x-a}{b-a} & \text{für } x \in [\![a, b]\!] \\[2ex] 1 & \text{für } x \in \,]\!]\,b, \infty\,[\![\end{cases}$$

2.5. Erwartungswert — Mittelwert — Momente

2.5.1. Der Erwartungswert einer Zufallsvariablen

Unter dem „Erwartungswert", manchmal auch „Mittelwert" genannt, versteht man die durch

$$E(X) \overset{def}{=} \int_{-\infty}^{+\infty} x\, dF(x) \qquad\qquad (2.3)$$

definierte Größe, sofern das Integral auf der rechten Seite existiert. Es handelt sich dabei um ein Integral bezüglich eines Maßes. Der Erwartungswert wird oft durch μ bezeichnet. Im Falle einer diskreten Zufallsvariablen mit endlichem oder unendlichem Wertebereich gilt:

$$E(X) = \sum_{i=1}^{n} x_i P_i \;\; \text{bzw.} \;\; E(X) = \sum_{i=1}^{\infty} x_i P_i$$

Im zweiten Fall existiert $E(X)$ nur, wenn die Reihe absolut konvergiert.

Für eine absolut stetige Zufallsvariable gilt

$$E(X) = \int_{-\infty}^{+\infty} x\, f(x)\, dx, \text{ wobei } f(x) \text{ die Wahrscheinlichkeitsdichte ist.}$$

Für die Existenz von $E(X)$ ist notwendig, daß dieses uneigentliche Integral konvergiert.

2.5.2. Der Erwartungswert einer Funktion einer Zufallsvariablen

Die Zufallsvariable X sei durch ihre Verteilungsfunktion $F(x)$ definiert. Jedem Wert x von X entspreche auf Grund der Funktion φ ein Wert $\varphi: x \overset{\varphi}{\to} y$. Durch $\varphi(X)$ werde diese Funktion der Zufallsvariablen X bezeichnet.

In Erweiterung der Definition 2.5.1 bezeichnet man als Erwartungswert von $\varphi(X)$ den Ausdruck

$$E(\varphi(X)) \overset{def}{=} \int_{-\infty}^{+\infty} \varphi(x)\, dF(x) \qquad\qquad (2.4)$$

falls dieses uneigentliche Integral konvergent ist.

2.5.3. Spezialfälle: Die Momente

Für $\varphi(X) = X^r$ mit ganzzahligem $r \geq 1$ gilt

$$E(X^r) = \int_{-\infty}^{+\infty} X^r \, dF(x)$$

Dieser Ausdruck heißt „Moment von X der Ordnung r bezüglich des Ursprungs". Die Größe $E(X^r)$ bezeichnet man oft durch μ_r'. Wir bemerken, daß

$$\mu_1' = E(X) = \mu$$

Nimmt man als Ursprung den Mittelwert μ, so definiert man die Momente der Ordnung r in bezug auf den Mittelwert:

$$E(X - \mu)^r = \int_{-\infty}^{+\infty} (x - \mu)^r \, dF(x)$$

Oft setzt man: $\mu_r : = E[(X - \mu)^r]$.

Offensichtlich ist $\mu_1 = 0$.

Das Moment der Ordnung 2 bezüglich μ heißt „*Varianz*" von X:

$$\mu_2 = \int_{-\infty}^{+\infty} (x - \mu)^2 \, dF(x)$$

$\sqrt{\mu_2} = \sigma$ bezeichnet man als „*Streuung*" von X.

Für jedes r gibt es eine Beziehung zwischen μ_r' und μ_r.

Für r = 2 lautet sie:

$$\mu_2 = \int_{\infty}^{+\infty} (x - \mu)^2 \, dF(x) = \int_{-\infty}^{+\infty} x^2 \, dF(x) - 2\mu \int_{-\infty}^{+\infty} x \, dF(x) + \mu^2 \int_{-\infty}^{+\infty} dF(x)$$

$$= \mu_2' \qquad - 2\mu \cdot \mu \qquad + \mu^2 \cdot 1$$

Dies führt auf

oder $\begin{cases} \boxed{\mu_2 = \mu_2' - \mu^2} \\ \\ \boxed{E[(X - \mu)^2] = E(X^2) - [E(X)]^2} \quad {}^1) \end{cases}$

(2.5)

$^1)$ Dieses Resultat wird auch in der Mechanik hergeleitet. Es trägt dort den Namen „*Steinerscher Satz*".

2.6. Übungen

Übung 1. Man betrachte nochmals Übung 1 aus Paragraph 2.2 und berechne den Erwartungswert und die Streuung der Zufallsvariablen X_A und X_B.

Lösung
a) Wir berechnen $E(X_A)$.
Nach Definition finden wir

$$E(X_A) = \sum_{n=1}^{n=10} \frac{1}{10} \cdot n = \frac{10 \times 11}{2 \times 10} = 5{,}5$$

Zur Bestimmung von $\sigma(X_A)$ berechnen wir zuerst:

$$E(X_A^2) = \sum_{n=1}^{n=10} \frac{1}{10} \cdot n^2 = 38{,}5$$

Nach Formel (2.5) gilt

$$\sigma^2(X_A) = 38{,}5 - (5{,}5)^2 = 8{,}25$$

und daraus folgt $\sigma(X_A) = 2{,}87$.

b) Wir berechnen $E(X_B)$.

$$E(X_B) = \sum_{n=1}^{\infty} \left(\frac{9}{10}\right)^{n-1} \cdot \frac{1}{10} n$$

Zu diesem Zweck betrachten wir zuerst für eine formale Variable x den Ausdruck

$$u(x) := \sum_{n=1}^{\infty} n x^{n-1} \quad \text{für } 0 < x < 1.$$

Es gilt also $u(x) = v'(x)$, wo $v'(x)$ die Ableitung von

$$v(x) := \sum_{n=1}^{\infty} x^n$$

darstellt. Also gilt

$$v(x) = \frac{1}{1-x}, \quad u(x) = \frac{1}{(1-x)^2}$$

Daraus folgt

$$E(X_B) = \frac{1}{\left(1-\frac{9}{10}\right)^2} \times \frac{1}{10} = 10$$

Die Berechnung der Streuung führt vorerst auf die Bestimmung von

$$E(X_B^2) = \sum_{n=1}^{\infty} \left(\frac{9}{10}\right)^{n-1} \cdot \frac{1}{10} \cdot n^2$$

Für die formale Variable x mit $0 < x < 1$ setzen wir

$$v(x) := \frac{1}{1-x}, \quad v'(x) = \frac{1}{(1-x)^2}; \quad v''(x) = \frac{2}{(1-x)^3}$$

$$\sum_{n=1}^{\infty} n^2 x^{n-2} = \frac{2}{(1-x)^3} + \sum_{n=1}^{\infty} nx^{n-2} = \frac{2}{(1-x)^3} + \frac{1}{x(1-x)^2}$$

Daraus ergibt sich

$$\sum_{n=1}^{\infty} n^2 \left(\frac{9}{10}\right)^{n-1} \cdot \frac{1}{10} = \frac{9}{100} \sum_{n=1}^{\infty} n^2 \left(\frac{9}{10}\right)^{n-2}$$

$$= \frac{9}{100} \left(2 \times 1000 + \frac{10}{9} \times 100\right) = 190$$

Wegen

$$\sigma^2(X_B) = E(X_B^2) - [E(X_B)]^2$$

gilt $\quad \sigma^2(X_B) = 190 - (10)^2 = 90 \quad \sigma(X_B) = 9,5$

Übung 2. Man berechne den Erwartungswert der Zufallsvariablen X aus Übung 2 von Paragraph 2.2.

Lösung. X stellt den Abstand eines zufällig in der Kugel mit dem Radius R gewählten Punktes vom Kugelmittelpunkt dar.

Die Wahrscheinlichkeitsdichte dieser stetigen Variablen ist:

$$f(x) = \begin{cases} 0 & \text{für } x \notin \rbrack\!\rbrack\, 0, R\, \lbrack\!\lbrack \\[2mm] \dfrac{3x^2}{R^3} & \text{für } x \in \lbrack\!\lbrack\, 0, R\, \rbrack\!\rbrack \end{cases}$$

$$E(X) = \int\limits_{-\infty}^{+\infty} x f(x)\, dx = \int\limits_{0}^{R} x \cdot \frac{3x^2}{R^3}\, dx = \frac{3}{4} R$$

Der Mittelwert ist daher gleich Dreiviertel des Radius R.

2.7. Die Ungleichung von Bienaymé — Tschebyscheff

Wir betrachten eine Zufallsvariable X, deren Verteilungsfunktion unbekannt ist. Nur μ und σ, d.h. also die beiden ersten Momente seien bekannt.

$$\mu - \lambda\sigma \qquad \mu \qquad \mu + \lambda\sigma$$

Wir betrachten ein offenes Intervall mit dem Mittelpunkt μ und verwenden σ als Maßstabeinheit für seine Länge. Durch P bezeichnen wir die Wahrscheinlichkeit des Ereignisses: „Der Wert von X unterscheidet sich von seinem Mittelwert um weniger als um das λ-fache der Streuung".

Also gilt:

$$P: = W[\mu - \lambda\sigma < X < \mu + \lambda\sigma] = F(\mu + \lambda\sigma) - F(\mu - \lambda\sigma + 0)$$

Da $F(x)$ nicht bekannt ist, wollen wir eine untere Schranke für P bestimmen. Wir setzen:

$$P_1: = W(X \leqslant \mu - \lambda\sigma) = \int\limits_{-\infty}^{\mu - \lambda\sigma + 0} dF(x)$$

$$P_3: = W(X > \mu + \lambda\sigma) = \int\limits_{\mu + \lambda\sigma}^{+\infty} dF(x)$$

$$Q: = P_1 + P_3$$

Dann gilt:

$$P = \int\limits_{\mu - \lambda\sigma + 0}^{\mu + \lambda\sigma} dF(x) = 1 - Q$$

$$\sigma^2 = \int\limits_{-\infty}^{+\infty} (x - \mu)^2 \, dF(x)$$

$$= \underbrace{\int\limits_{-\infty}^{\mu - \lambda\sigma + 0} (x - \mu)^2 \, dF(x)}_{} + \underbrace{\int\limits_{\mu - \lambda\sigma + 0}^{\mu + \lambda\sigma} (x - \mu)^2 \, dF(x)}_{} + \underbrace{\int\limits_{\mu + \lambda\sigma}^{+\infty} (x - \mu)^2 \, dF(x)}_{}$$

$$= \qquad \alpha_1 \qquad + \qquad \alpha_2 \qquad + \qquad \alpha_3$$

Daraus folgt

$$\sigma^2 \geqslant \alpha_1 + \alpha_3$$

Es gilt aber

$$\alpha_1 = \int\limits_{-\infty}^{\mu - \lambda\sigma + 0} (x - \mu)^2 \, dF(x) \geqslant \lambda^2 \sigma^2 \int\limits_{-\infty}^{\mu - \lambda\sigma + 0} dF(x) \quad \text{da} \quad (x - \mu)^2 \geqslant (\lambda\sigma)^2$$

Daraus folgt

$$\alpha_1 \geqslant \lambda^2 \, \sigma^2 \, P_1$$

und

$$\alpha_2 \geqslant \lambda^2 \sigma^2 \, P_3$$

Es ergibt sich daher

$$\sigma^2 \geqslant \lambda^2 \sigma^2 \, (P_1 + P_3)$$

$$1 \geqslant \lambda^2 Q \quad \text{oder} \quad Q \leqslant \frac{1}{\lambda^2}$$

$$1 \geqslant \lambda^2 Q \text{ und daraus } Q \leqslant \frac{1}{\lambda^2}$$

Wegen $P = 1 - Q$ haben wir:

$$\boxed{P \geqslant 1 - \frac{1}{\lambda^2}}$$

$$(2.6)$$

2.8. Zufallsvariable — Funktion einer Zufallsvariablen

Es sei X eine Zufallsvariable, die durch ihre Wahrscheinlichkeitsverteilung F (x) dargestellt wird.

Mit Hilfe einer Funktion

$$\varphi : x \overset{\varphi}{\to} y$$

ordnen wir jedem Wert $x \in X$ einen Wert y zu. Die Menge der so erhaltenen y-Werte liefert den Wertebereich einer Zufallsvariablen Y, deren Wahrscheinlichkeitsverteilung mit der Wahrscheinlichkeitsverteilung von X und mit der Funktion φ in Beziehung steht.

Wir schreiben $Y := \varphi(X)$.

Es soll nun die Verteilungsfunktion G (y) für Y bestimmt werden. Durch Definition:

$$G(y) = W(Y < y).$$

Das Ereignis $Y < y$ ist äquivalent dem Ereignis $X \in I$, wobei I das Intervall (oder eine Summe von Intervallen) ist, auf dem $\varphi(x)$ für beliebige x kleiner als der gewählte Wert y ist.

Beispiele

a) Wir nehmen an, X sei auf einem Intervall (a, b) definiert, sei absolut stetig und besitze die Verteilungsfunktion F (x) (Dichte f (x)) und φ sei eine stetige monoton wachsende Funktion auf diesem Intervall.

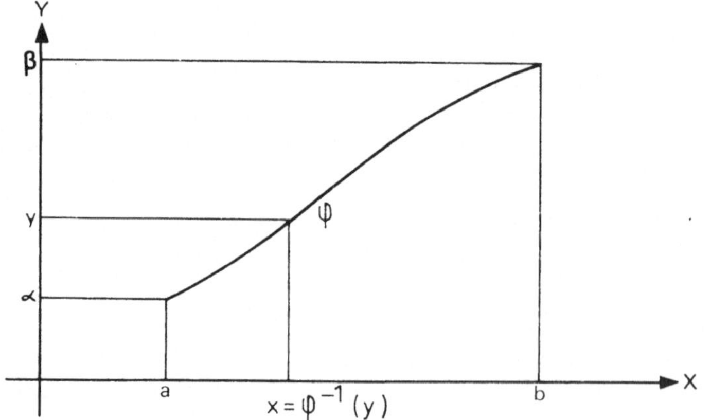

Bild 2.2

Wir setzen $\alpha := \varphi(a) \qquad \beta := \varphi(b)$

Für $\alpha \leqslant y \leqslant \beta$ gilt dann:

$$
\begin{aligned}
G(y) &= W(Y < y) \\
&= W(X < \varphi^{-1}(y)) \\
&= \int_{a}^{\varphi^{-1}(y)} f(x)\,dx
\end{aligned}
$$

$$
G(y) = \int_{\alpha}^{y} f(\varphi^{-1}(y)) \cdot \left| \frac{d\varphi^{-1}(y)}{dy} \right| dy
$$

$$
\text{und} \quad g(y) = f(\varphi^{-1}(y)) \cdot \left| \frac{d\varphi^{-1}(y)}{dy} \right|
$$

b) Wir nehmen nochmals den vorhergehenden Fall, betrachten aber nun eine auf (a, b) stetige und monoton abnehmende Funktion φ (Bild 2.3). Dann gilt

$$
\begin{aligned}
G(y) &= W(X \geqslant \varphi^{-1}(y)) \\
&= 1 - W(X < \varphi^{-1}(y)) \\
&= 1 - \int_{a}^{\varphi^{-1}(y)} f(x)\,dx
\end{aligned}
$$

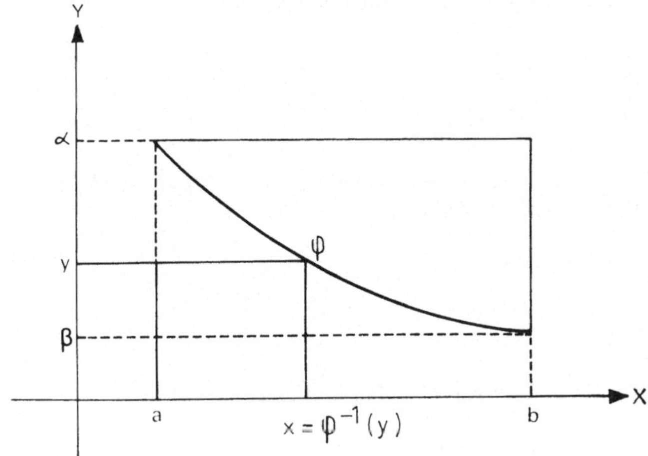

Bild 2.3

2.9. Übungen

Übung 1. Man wähle einen Fixpunkt A auf dem Umfang eines Kreises mit dem Mittelpunkt 0 und dem Radius R (Bild 2.4). Weiteres wähle man willkürlich einen zweiten Punkt M, ebenfalls auf dem Umfang des Kreises. Man kann dann den Sachverhalt so auffassen, daß sich der Punkt M durch den Wert φ einer Zufallsvariablen Φ mit einer gleichmäßigen Verteilung über dem Intervall $[\![-\pi, +\pi]\!]$ ergibt.

Es sei X die Länge der Sehne AM. Gesucht ist die Wahrscheinlichkeitsverteilung der Zufallsvariablen X und ihr Erwartungswert.

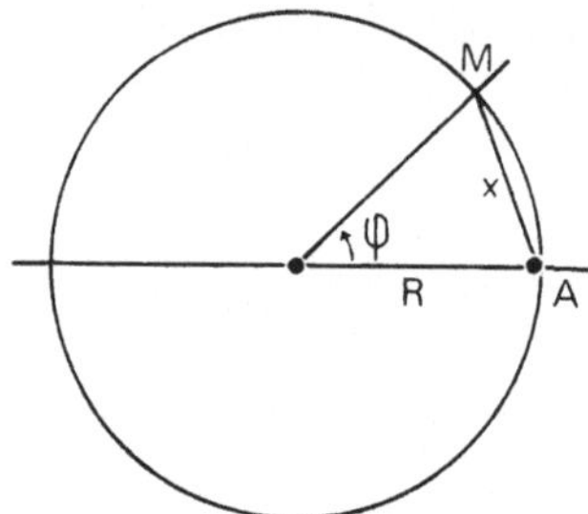

Bild 2.4

Lösung. Die Berechnung von x als Funktion von φ liefert

$$x = 2R \cdot \left| \sin \frac{\varphi}{2} \right|$$

Wir setzen $\theta := \dfrac{\varphi}{2}$, wodurch eine neue Zufallsvariable Θ als Funktion von Φ definiert wird.

Da Φ gleichmäßig verteilt ist auf $[\![-\pi, +\pi]\!]$, ist ihre Wahrscheinlichkeitsdichte:

$$\begin{cases} 1/2\,\pi & \text{für } \varphi \in [\![-\pi, +\pi]\!] \\ 0 & \text{für } \varphi \notin\,]\!]-\pi, +\pi[\![\end{cases}$$

Man schließt daraus, daß $\theta = \varphi/2$ gleichmäßig verteilt ist über $[\![-\pi/2, +\pi/2]\!]$, da Θ proportional Φ ist. Die Wahrscheinlichkeitsdichte dafür ist:

$$\begin{cases} 1/\pi & \text{für } \theta \in [\![-\pi, +\pi]\!] \\ 0 & \text{für } \theta \notin [\![-\pi, +\pi]\!] \end{cases}$$

Die Variable X hat als Wertebereich das Intervall $[\![0, 2R]\!]$ und es gilt

$$x = 2R \cdot |\sin\theta|$$

Wir bezeichnen durch $G(x)$ die Verteilungsfunktion von X. Für $0 \leqslant x \leqslant 2R$ haben wir:

$$G(x) = W(|\theta| < \text{arc sin } \frac{x}{2R})$$

$$= 2\, W(\theta < \text{arc sin } \frac{x}{2R})$$

$$G(x) = \frac{2}{\pi} \int_0^{\text{arc sin } x/2R} d\theta = \frac{2}{\pi} \text{ arc sin } \frac{x}{2R}$$

Wir haben daher:

$$G(x) = \begin{cases} 0 & \text{für } x \in\,]-\infty, 0[\\[2mm] \dfrac{2}{\pi} \text{ arc sin } \dfrac{x}{2R} & \text{für } x \in [\![0, 2R]\!] \\[2mm] 1 & \text{für } x \in\,]2R, \infty[\end{cases}$$

Man weist leicht nach, daß $G(0) = 0$ und $G(2R) = 1$. Für die Dichte schließt man daraus

$$g(x) = \begin{cases} \dfrac{2}{\pi\sqrt{4R^2 - x^2}} & \text{für } x \in [\![0, 2R]\!] \\[2mm] 0 & \text{für } x \notin [\![0, 2R]\!] \end{cases}$$

Der Erwartungswert ist:

$$E(X) = \frac{2}{\pi} \int_0^{2R} \frac{x\,dx}{\sqrt{4R^2 - x^2}} = \frac{4R}{\pi}$$

Dasselbe Ergebnis erhält man, wenn man $E(2R\,|\sin\theta|)$ berechnet, wobei $2R\,|\sin\theta|$ als Funktion der Zufallsvariablen θ aufzufassen ist (Bild 2.5)

$$E(2R \cdot |\sin\theta|) = \frac{2R}{\pi} \int_{-\pi/2}^{+\pi/2} |\sin\theta|\,d\theta = \frac{4R}{\pi} \int_0^{\pi/2} \sin\theta\,d\theta = \frac{4R}{\pi}$$

Übung 2. Es sei X eine absolut stetige Variable mit einer gleichmäßigen Verteilung auf $[-\pi/2, \pi/2]$.

a) Man bestimme die Dichte, den Erwartungswert und die Streuung von X. Wie groß ist der Erwartungswert von X^2?

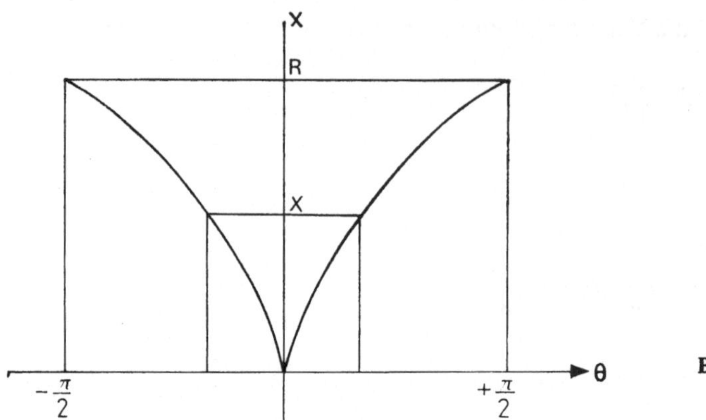

Bild 2.5

b) Man setze $Y := X^2$. Welche Dichte besitzt Y? Man berechne den Erwartungswert und die Streuung von Y direkt.

c) Man setze $Z := \tan X$. Welche Dichte, welchen Erwartungswert besitzt Z?

Lösung

a) Die Wahrscheinlichkeitsdichte von X ist:

$$\begin{cases} 1/\pi & \text{für } x \in \left(-\dfrac{\pi}{2}, +\dfrac{\pi}{2}\right) \\[2ex] 0 & \text{für } x \notin \left(-\dfrac{\pi}{2}, +\dfrac{\pi}{2}\right) \end{cases}$$

$$E(X) = \int\limits_{-\frac{\pi}{2}}^{+\frac{\pi}{2}} x\,\frac{dx}{\pi} = 0$$

$$\sigma^2(X) = \int\limits_{-\pi/2}^{+\pi/2} x^2\,\frac{dx}{\pi} = \frac{\pi^2}{12} \qquad \sigma(X) = \frac{\pi}{2\sqrt{3}}$$

$$E(X^2) = \sigma^2(X) \quad \text{da} \quad E(X) = 0$$

b) Die Wahrscheinlichkeitsdichte der Zufallsvariablen $Y = X^2$ werde durch g(y) bezeichnet:

$$g(y) = \begin{cases} \dfrac{1}{\pi\sqrt{y}} & \text{für } y \in \left[0, \dfrac{\pi^2}{4}\right] \\[3ex] 0 & \text{für } y \notin \left[0, \dfrac{\pi^2}{4}\right] \end{cases}$$

Man erhält:

$$E(Y) = \frac{\pi^2}{12}, \quad \sigma^2(Y) = \frac{\pi^4}{80}, \quad \sigma(Y) = \frac{\pi^2}{4\sqrt{5}}$$

c) Die Wahrscheinlichkeitsdichte von $Z = \tan X$ werde durch $h(z)$ bezeichnet. Man findet unmittelbar

$$h(z) = \frac{1}{\pi(1 + z^2)} \quad \text{für} \quad z \in \,]-\infty, +\infty[$$

$$E(Z) = \frac{1}{\pi} \int_{-\infty}^{+\infty} \frac{z}{1 + z^2} \, dz$$

ist kein konvergentes uneigentliches Integral. Z hat daher keinen Erwartungswert.

Übung 3. X und Y seien zwei absolut stetige Zufallsvariable, die durch die Relation

$$X + Y = 0$$

verknüpft sind. Es seien F und G die Verteilungsfunktionen von X und Y, f und g die entsprechenden Dichten.

Welche Beziehungen bestehen zwischen F und G und welche zwischen f und g?

Lösung. Nach Definition gilt $F(x) = W(X < x)$.

$$W(X < x) = W(-Y < x) = W(Y > -x) = 1 - W(Y < -x)$$

Daraus folgt

$$F(x) = 1 - G(-x)$$

und

$$f(x) = g(-x)$$

Übung 4. Für die Lebensdauer des Menschen bestehen die folgenden Hypothesen:

a) Die Wahrscheinlichkeit $q(t, t + \Delta t)$ dafür, daß jemand im Zeitintervall $(t, t + \Delta t)$ stirbt, ist gegeben durch:

$$q(t, t + \Delta t) := \mu(t)\,\Delta t + \epsilon(\Delta t)$$

wobei $\mu(t)$ eine stetige nicht-negative Funktion und $\epsilon(\Delta t)$ unendlich klein von höherer Ordnung als Δt ist.

b) Der Tod einer Person (oder ihr Überleben) während eines Zeitintervalls (t_1, t_2) hängt nicht davon ab, was vor dem Zeitpunkt t_1 geschehen ist.

c) Die Wahrscheinlichkeit dafür, daß jemand im Augenblick der Geburt stirbt, ist Null.

Man bestimme die Wahrscheinlichkeit dafür, daß jemand stirbt, ehe er das Alter t erreicht hat.

Lösung. Es sei T eine Zufallsvariable, welche die Lebensdauer einer Person repräsentiert. T ist eine für $t > 0$ definierte absolut stetige Variable. Gesucht ist die Verteilungsfunktion F(t) der Variablen T.

Wir bezeichnen durch p(t) die Wahrscheinlichkeit dafür, daß jemand im Alter t noch am Leben ist, und berechnen $p(t + \Delta t)$.

$p(t + \Delta t)$ ist die Wahrscheinlichkeit für das Ereignis: „Die Person ist im Alter von $t + \Delta t$ noch am Leben". Dieses Ereignis ist der Durchschnitt der folgenden Ereignisse:

a) „Die Person ist im Alter von t noch am Leben".

b) „Die Person stirbt nicht im Intervall $(t, t + \Delta t)$, wenn sie im Alter von t noch am Leben ist".

Man erhält also

$$p(t + \Delta t) = p(t) \cdot (1 - \mu(t) \cdot \Delta t - \epsilon(\Delta t))$$

oder

$$\frac{p(t + \Delta t) - p(t)}{\Delta t} = - \mu(t) \cdot p(t) - \frac{\epsilon(\Delta t)\, p(t)}{\Delta t}$$

Mit $\Delta t \to 0$ erhält man für p(t) die Differentialgleichung

$$\frac{dp(t)}{dt} = - \mu(t) \cdot p(t)$$

deren allgemeine Lösung lautet:

$$p(t) = C\, e^{-\int_0^t \mu(x)\, dx}$$

Die Hypothese c) liefert $p(0) = 1$, wodurch wir mit $C = 1$ die gesuchte partikuläre Lösung erhalten.

Es folgt

$$p(t) = e^{-\int_0^t \mu(x)\, dx}$$

und $$F(t) = 1 - p(t) = 1 - e^{-\int_0^t \mu(x)\, dx}$$

2.10. Die bedingte Wahrscheinlichkeit eines mit einer Zufallsvariablen verbundenen Ereignisses

Wir kehren nun zum Problem von Bayes am Beginn seiner Darlegung in 1.9 zurück.

X sei eine diskrete Zufallsvariable, deren Wertebereich endlich ist: $x_1, x_2, \ldots, x_n$. Man kann vereinbaren, daß jedes Ereignis $X = x_i$ als ein Ereignis C_i eine Ursache für ein Ereignis A sein kann.

Wir setzen

$$q_i: = W(X = x_i) = W(C_i)$$

und

$$p_i: = W(A/C_i) \text{ für } i = 1, 2, \ldots, n$$

Wir haben bereits gezeigt, daß

$$W(A) = \sum_{i=1}^{n} p_i q_i$$

Das liefert hier

$$W(A) = \sum_{i=1}^{n} W(A/X = x_i) \cdot W(X = x_i)$$

Wir nehmen an, daß $W(A/X = x_i)$ nicht vom Wert x_i von X abhängt und setzen

$$\varphi(x_i) : = W(A/X = x_i)$$

Daraus schließt man auf das Eregbnis

$$\boxed{W(A) = E(\varphi(X))}$$

Wir nehmen nun an, daß die Ursachen $X = x_i$ nicht mehr in endlicher Zahl vorhanden sind, sondern eine stetige Menge bilden. X ist dann eine stetige Zufallsvariable mit der Verteilungsfunktion $F(x)$.

Es seien ϵ und η zwei positive Zahlen.

$$W\{A \cap X \in [\![x - \epsilon, x + \eta[\![\}$$
$$= W\{X \in [\![x - \epsilon, x + \eta[\![\} \cdot W\{A/X \in [\![x - \epsilon, x + \eta[\![\}$$
$$= [F(x + \eta) - F(x - \epsilon)] \cdot W\{A/X \in [\![x - \epsilon, x + \eta[\![\}$$

Ebenso gilt:

$$W\{A/X \in [\![x - \epsilon, x + \eta [\![\} = \frac{W\{A \cap X \in [\![x - \epsilon, x + \eta [\![\}}{F(x + \eta) - F(x - \epsilon)}$$

Nun lassen wir ϵ und η gegen Null streben:
Wenn der Grenzwert

$$\lim_{\epsilon, \eta \to 0} \frac{W\{A \cap X \in [\![x - \epsilon, x + \eta [\![\}}{F(x + \eta) - F(x - \epsilon)}$$

existiert, so liefert er die „bedingte Wahrscheinlichkeit für das an $X = x$ gebundene Ereignis A". Man bezeichnet diese Wahrscheinlichkeit durch $W(A/X = x)$.

$W(A/X = x)$ besitzt praktisch alle Eigenschaften der gewöhnlichen Wahrscheinlichkeiten. A ist ein Ereignis, das durch einen Versuch mit einer Menge von Komponenten definiert ist. $W(A/X = x)$ ist eine Funktion von x.

Wir unterteilen das Definitionsintervall für die Variable x durch die Punkte x_i für $i = 0, \pm 1, \pm 2, \ldots$ in Teilintervalle (x_i, x_{i+1}). Auf Grund des Axioms von der vollständigen Additivität haben wir:

$$W(A) = \sum_{i=-\infty}^{+\infty} W\{A \cap X \in [\![x_i, x_{i+1} [\![\}$$

$$W(A) = \sum_{i=-\infty}^{+\infty} W\{A/X \in [\![x_i, x_{i+1} [\![\} \cdot [F(x_{i+1}) - F(x_i)]$$

Diese Teilintervalle unterteilen wir der Reihe nach von neuem, und zwar so, daß die Länge des größten Intervalls gegen Null strebt. Im Grenzwert erhält man ein Integral bezüglich eines Maßes.

$$\boxed{W(A) = \int_{-\infty}^{+\infty} W(A/X = x)\, dF(x)}$$

Beispiel: Wir betrachten einerseits eine unendliche Menge von Kreisscheiben, deren Radien zwischen 0 und 1 liegen. Andererseits stellen wir uns vor, die Ebene sei in unendlich viele Quadrate mit der Seitenlänge 2 unterteilt. Wir wählen nun willkürlich eine Scheibe und werfen sie ebenso willkürlich auf die Ebene. Durch R bezeichnen wir die über (0, 1) gleichmäßig verteilte Zufallsvariable, deren Werte die Radien der Kreisscheiben darstellen. K_1, K_2, K_3 und K_4 seien die folgenden Ereignisse:

K_1: die Scheibe liegt ganz in einem Quadrat,
K_2: die Scheibe überdeckt teilweise 2 Quadrate,
K_3: die Scheibe überdeckt teilweise 3 Quadrate,
K_4: die Scheibe überdeckt teilweise 4 Quadrate.

Gesucht sind die Wahrscheinlichkeiten $W(K_i)$ für $i = 1, 2, 3, 4$.

a) Man berechne zuerst $W(K_1/R = r)$:

$$W(K_1/R = r) = \text{Flächeninhalt von } \Delta 1 / \text{Flächeninhalt eines Quadrats} = \frac{(2 - 2r)^2}{4} = (1 - r)^2$$

$$W(K_1) = \int_0^1 (1 - r)^2 \, dr = \frac{1}{3}$$

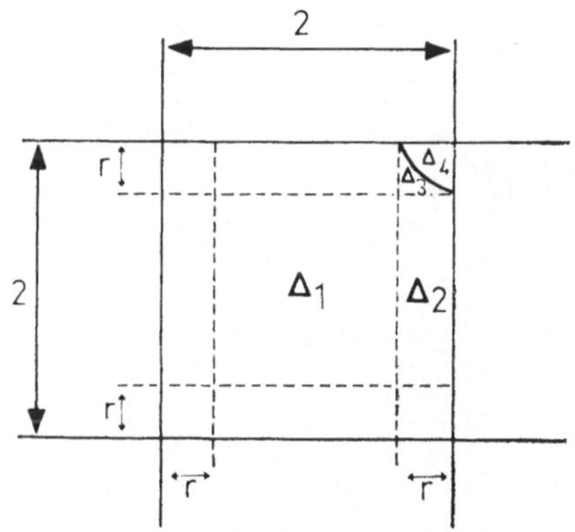

Bild 2.6

b) Ebenso berechne man $W(K_2/R = r)$:

$$W(K_2/R = r) = 4 \cdot \text{Flächeninhalt von } \Delta_2 / \text{Flächeninhalt eines Quadrats} = 2r(1 - r)$$

$$W(K_2) = 2 \int_0^1 r(1 - r) \, dr = \frac{1}{3}$$

c) $W(K_3/R = r) = 4 \cdot \text{Flächeninhalt von } \Delta_3 / \text{Flächeninhalt eines Quadrats} = r^2 \left(1 - \frac{\pi}{4}\right)$

$$W(K_3) = \left(1 - \frac{\pi}{4}\right) \int_0^1 r^2 \, dr = \frac{1}{3} - \frac{\pi}{12}$$

d) $W(K_4/R = r) = 4 \cdot$ Flächeninhalt von Δ_4/Flächeninhalt eines Quadrats $= \dfrac{\pi r^2}{4}$

$$W(K_4) = \frac{\pi}{4} \int\limits_0^1 r^2 \, dr = \frac{\pi}{12}$$

$K_1 \cup K_2 \cup K_3 \cup K_4 = E$ ist das sichere Ereignis.

Es gilt daher

$$\sum_{i=1}^{4} W(K_i) = 1$$

Ebenso gilt $\bigcup\limits_{i=1}^{4} (K_i/R = r) = E$ für jeden beliebigen festen Wert von r.

Wir haben

$$\sum_{i=1}^{4} W(K_i/R = r) = (1 - r)^2 + 2r (1 - r) + r^2 \left(1 - \frac{\pi}{4}\right) + \frac{\pi}{4} r^2$$
$$= 1$$

3. Paare von Zufallsvariablen

3.1. Definition

In Kapitel 2 haben wir den Begriff der Zufallsvariablen (einer Dimension) eingeführt. Man kann die Werte dieser Variablen durch eine Punktmenge auf einer Geraden darstellen. Als Verallgemeinerung kann man an die Definition einer n-dimensionalen Zufallsvariablen denken. Die Menge aller möglichen Werte einer derartigen Variablen ist dann durch eine Punktmenge im n-dimensionalen Raum darzustellen. Um die Darstellung zu vereinfachen, beschränken wir uns vorerst auf den Fall, wo dieser Raum eine Ebene ist. Hier definiert man dann ein *„Paar von Zufallsvariablen"*, auch als *„zweidimensionale Zufallsvariable"* oder als *„Zufallsvektor mit zwei Komponenten"* bezeichnet.

Wir bezeichnen ein derartiges Paar durch (X, Y). Die Menge seiner möglichen Werte ist eine Teilmenge von $\mathbf{R}^2$.

3.2. Diskrete Paare

Wir betrachten zuerst den Fall, in dem die Variablen nur endlich viele Werte annehmen können.

Es gelte X: $x_1, \ldots, x_m$
Y: $y_1, \ldots, y_n$

Die Variable (X, Y) kann also $m \cdot n$ Werte annehmen. Durch $p_{i,j}$ bezeichnen wir die Wahrscheinlichkeit für das Paar (x_i, y_j):

$$p_{i,j} := W\,[(X = x_1) \cap (Y = y_j)]$$

Die Wahrscheinlichkeitsverteilung für (X, Y) ist dann eine Verteilung vom Maß 1 auf den Punkten eines Gitters.

Es gelten die folgenden Eigenschaften

$$\forall_i \ \forall_j \ [0 \leqslant p_{i,j} \leqslant 1]$$

und

$$\sum_{i=1}^{m} \sum_{j=1}^{n} p_{i,j} = 1.$$

Manchmal interessiert man sich auch nur für die Werte einer der Komponenten. So erhält man:

$$W(X = x_i) = W\left[(X = x_i) \cap \sum_{j=1}^{n} (Y = y_j)\right]$$

$$W(X = x_i) = \sum_{j=1}^{n} p_{i,j} \qquad \text{Man setzt: } p_i : = W(X = x_i)$$

Ebenso gilt

$$W(Y = y_j) = \sum_{i=1}^{m} p_{i,j} \qquad \text{Man setzt: } p_j : = W(Y = y_j)$$

Die Größen $p_{i,}$ und $p_{,j}$ repräsentieren die Wahrscheinlichkeitsverteilungen von X und Y allein. Wenn die $p_{i,j}$ in Form einer Tabelle angegeben sind, so kann man die $p_{i,}$ (Zeilensummen) und die $p_{,j}$ (Spaltensummen) am „Rand" der Tabelle vormerken. Die $p_{i,}$ und $p_{,j}$ heißen daher auch *„Randverteilungen"*. X und Y heißen *„Randvariable"*.

Wenn X und Y oder beide abzählbar viele Werte annehmen können, lassen sich die vorangehenden Definitionen ohne Schwierigkeiten erweitern. Somit haben wir

$$\sum_{i=1}^{\infty} \sum_{j=1}^{\infty} p_{i,j} = 1$$

und die Randverteilungen sind gegeben durch

$$p_{i,} = \sum_{j=1}^{\infty} p_{i,j}$$

$$p_{,j} = \sum_{i=1}^{\infty} p_{i,j}$$

Vielleicht erinnern wir nochmals daran, daß das Paar (X, Y) und die zwei Randvariablen drei verschiedene Zufallsvariable sind (von denen die erste zweidimensional ist).

Abhängigkeit und Unabhängigkeit

Wir wenden das Theorem über zusammengesetzte Wahrscheinlichkeiten an:

$$W[(X = x_i) \cap (Y = y_j)] = W(X = x_i) \cdot W[(Y = y_j)/(X = x_i)]$$

$W[(Y = y_j)/(X = x_i)] = \dfrac{p_{i,j}}{p_{i.}}$ ist die Wahrscheinlichkeit von $Y = y_j$ unter der Bedingung

$X = x_i$. Wenn für alle i $(1 \leqslant i \leqslant m)$ und alle j $(1 \leqslant j \leqslant n)$ die Ereignisse $X = x_i$ und $Y = y_j$ unabhängig sind, was durch

$$W[(Y = y_j)/(X = x_i)] = W[Y = y_j],$$

ausgedrückt wird, so sagt man, die Zufallsvariablen X und Y seien „stochastisch unabhängig" (oder kürzer „unabhängig").

Wenn X und Y unabhängig sind, so gilt die Beziehung:

$$\boxed{P_{i,j} = p_{i,} \cdot p_{,j}} \qquad \text{für alle } i, j.$$

3.3. Allgemeiner Fall

Wenn die Menge der möglichen Werte für (X, Y) nicht abzählbar ist, so liegt eine Situation vor, der wir bereits im letzten Kapitel begegnet sind. Es handelt sich darum, die Wahrscheinlichkeitsverteilung des Paares (X, Y) darzustellen. Ein Hilfsmittel zur Darstellung einer derartigen Verteilung im allgemeinen Fall ist wieder die Verteilungsfunktion.

Als Verteilungsfunktion von (X, Y) bezeichnet man eine Funktion $F(x, y)$ von zwei Variablen, deren Wert im Punkt (x, y) gegeben ist durch:

$$F(x, y) \overset{\text{def}}{=} W[(X < x) \cap (Y < y)] \tag{3.1}$$

Diese Funktion, die ein allgemeines Verfahren zur Beschreibung einer zweidimensionalen Zufallsvariablen bietet, verwendet man im diskreten Fall nur selten. Sie tritt jedoch in der Folge häufig bei Beweisen von allgemeinen Eigenschaften auf.

3.3.1. Absolut stetige Paare von Zufallsvariablen

Wenn man die Verteilungsfunktion $F(x, y)$ in der Form

$$F(x, y) = \int\limits_{-\infty}^{x} \int\limits_{-\infty}^{y} f(x, y)\, dx\, dy \tag{3.2}$$

angeben kann, so heißt das Paar (X, Y) *„absolut stetig"* und man bezeichnet $f(x, y)$ als seine *„Wahrscheinlichkeitsdichte"*.

Auf Grund der Eigenschaften des Integrals gilt für einen Bereich Δ der (x, y)-Ebene und einen Punkt M, dessen Koordinaten durch die Werte von X und Y gegeben sind:

$$W(M \in \Delta) = \iint\limits_{\Delta} f(x, y)\, dx\, dy \tag{3.3}$$

Für die ganze Ebene P gilt offensichtlich $\iint\limits_P f(x, y)\, dx\, dy = 1$.

Von der Verteilungsfunktion $F(x, y)$ ausgehend erhält man schließlich

$$f(x, y) = \frac{\partial^2 F}{\partial x\, \partial y} \tag{3.4}$$

Daraus ergibt sich

$$W[(x \leqslant X < x + dx) \cap (y \leqslant Y < y + dy)] = f(x, y)\, dx\, dy \tag{3.5}$$

worin dx und dy unendlich klein sind.

Wir untersuchen nun die Randverteilungen:

$$F_1(x) := W(X < x) = \int\limits_{-\infty}^{x} \left[\int\limits_{-\infty}^{+\infty} f(x, y)\, dy \right] dx$$

$$F_2(y) := W(Y < y) = \int\limits_{-\infty}^{y} \left[\int\limits_{-\infty}^{+\infty} f(x, y)\, dx \right] dy$$

Die Variablen X und Y sind absolut stetig und besitzen die Dichten

$$X : f_1(x) = \int\limits_{-\infty}^{+\infty} f(x, y)\, dy$$

$$Y : f_2(y) = \int\limits_{-\infty}^{+\infty} f(x, y)\, dx$$

Man sieht also, daß man sowohl bei diskreten als auch bei stetigen Variablen aus der Wahrscheinlichkeitsverteilung des Paares (X, Y) die Wahrscheinlichkeitsverteilungen der Variablen X und Y erhält.

3.3.2. Bedingte Verteilungsfunktion

In 2.10 haben wir die bedingte Wahrscheinlichkeit für ein an die Zufallsvariable X gebundenes Ereignis eingeführt:

$$W[A/(X = x)] \overset{\text{def}}{=} \lim_{\epsilon, \eta \to 0} \frac{W\{A \cap X \in [\![x - \epsilon, x + \eta[\![\}}{F(x + \eta) - F(x - \epsilon)}$$

Wenn Y eine Zufallsvariable ist und wenn das Ereignis A das Ereignis $Y < y$ ist, so gilt

$$W[A/(X = x)] = W[(Y < y)/(X = x)]$$

Die Funktion $\Phi(y/X = x) \overset{\text{def}}{=} W[(Y < y)/(X = x)]$ ist eine Verteilungsfunktion. Sie heißt bedingte Verteilungsfunktion der an $X = x$ gebundenen Variablen Y.

$$W[(Y < y)/X \in [\![x - \epsilon, x + \eta[\![] = \frac{W[(Y < y) \cap (X \in [\![x - \epsilon, x + \eta[\![)]}{W[X \in [\![x - \epsilon, x + \eta[\![]}$$

$$= \frac{F(x + \eta, y) - F(x - \epsilon, y)}{F(x + \eta, \infty) - F(x - \epsilon, \infty)}$$

und $\quad \Phi(y/X = x) \overset{\text{def}}{=} \lim_{\epsilon, \eta \to 0} \frac{F(x + \eta, y) - F(x - \epsilon, y)}{F(x + \eta, \infty) - F(x - \epsilon, \infty)}$,

wenn dieser Grenzwert existiert.

Beispiel 1. Diskreter Fall

Wir betrachten das Paar (X, Y) mit $X \in \{0, 1, 2\}$ und $Y \in \{0, 1\}$, dessen Wahrscheinlichkeitsverteilung durch die folgende Tabelle gegeben ist:

Y \\ X	0	1	2	Randverteilung für Y
0	$\frac{1}{10}$	$\frac{2}{10}$	$\frac{1}{10}$	$\frac{4}{10}$
1	$\frac{1}{10}$	$\frac{3}{10}$	$\frac{2}{10}$	$\frac{6}{10}$
Randverteilung für X	$\frac{2}{10}$	$\frac{5}{10}$	$\frac{3}{10}$	1

Vom Paar (X, Y) ausgehend definieren wir sechs gebundene Zufallsvariable

$$Y/X = x \quad (x := 0, 1, 2)$$
$$X/Y = y \quad (y := 0, 1)$$

Im allgemeinen erhält man $m \cdot n$ gebundene Zufallsvariable, wenn X m Werte und Y n Werte annehmen kann.

In diesem Beispiel erhält man die verbundenen Wahrscheinlichkeitsverteilungen:

	Y/X = 0	Y/X = 1	Y/X = 2
0	$\frac{1}{2}$	$\frac{2}{5}$	$\frac{1}{3}$
1	$\frac{1}{2}$	$\frac{3}{5}$	$\frac{2}{3}$

	X/Y = 0	X/Y = 1
0	$\frac{1}{4}$	$\frac{1}{6}$
1	$\frac{1}{2}$	$\frac{1}{2}$
2	$\frac{1}{4}$	$\frac{1}{3}$

Beispiel 2. Stetiger Fall

Es sei T das durch die drei Geraden $x = 0$, $y = 1$, $y = x$ begrenzte Dreieck (Bild 3.1). Das Paar von Zufallsvariablen (X, Y) habe die Wahrscheinlichkeitsdichte:

$$f(x, y) := \begin{cases} \dfrac{1}{x} \text{ wenn } 0 \leqslant x \leqslant 1 \text{ und } 0 \leqslant y \leqslant x \quad ([x, y] \in T) \\[2ex] 0 \text{ sonst} \quad ([x, y] \notin T) \end{cases}$$

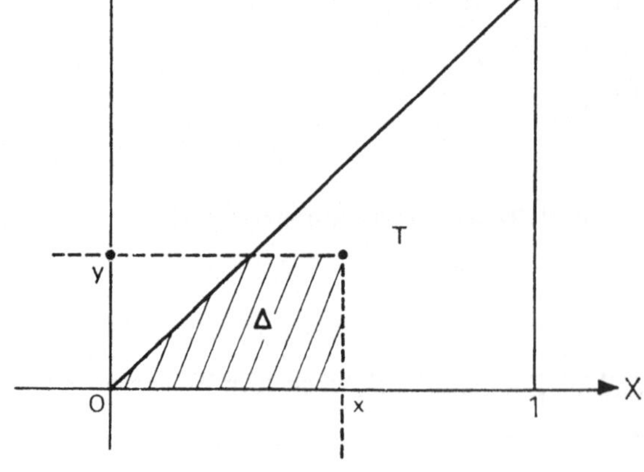

Bild 3.1

Vor der Bestimmung der gebundenen Verteilungen berechnen wir die Verteilungsfunktion $F(x, y)$:

a) In den Quadranten

$$x < 0, \; y > 0$$
$$x < 0, \; y < 0$$
$$x > 0, \; y < 0$$

gilt $\quad F(x, y) = 0$

b) Im Dreieck T: $0 \leqslant x \leqslant 1, \; 0 \leqslant y \leqslant x$

$$F(x, y) = \int\limits_{-\infty}^{y} \int\limits_{-\infty}^{x} f(x, y) \, dx \, dy$$

$$F(x, y) = \iint\limits_{\Delta} \frac{dx \, dy}{x} = y \left(1 + \ln \frac{x}{y} \right)$$

c) Im Bereich der Ebene $x > 1, y > 1$ gilt

$$F(x, y) = 1.$$

d) Im Streifen $0 \leqslant x \leqslant 1, y > x$ gilt

$$F(x, y) = F(x, x) = x$$

e) Im Streifen $x > 1, 0 \leqslant y \leqslant 1$ gilt

$$F(x, y) = F(1, y) = y \left(1 + \ln \frac{1}{y} \right)$$

Daraus folgt für $0 \leqslant x \leqslant 1$ und $0 \leqslant y \leqslant x$

$$W[(Y < y)/(x - \epsilon \leqslant X < x + \eta)]$$

$$= \frac{y(1 + \ln(x + \eta) - \ln y) - y(1 + \ln(x - \epsilon) - \ln y)}{x + \eta - (x - \epsilon)}$$

$$W[(Y < y)/(x - \epsilon \leqslant X < x + \eta)] = y \frac{\ln(x + \eta) - \ln(x - \epsilon)}{\eta + \epsilon}$$

und $\quad \Phi(y/X = x) = y \lim_{\eta, \epsilon \to 0} \frac{\ln(x + \eta) - \ln(x - \epsilon)}{\eta + \epsilon} = \frac{y}{x}$

Die bedingte Wahrscheinlichkeitsdichte ist:

$$\varphi(y/X = x) = \frac{1}{x} \text{ für } 0 \leqslant x \leqslant 1 \text{ und } 0 \leqslant y \leqslant x$$

Für $0 \leqslant x \leqslant 1$ und $y > x$ haben wir jetzt

$$\Phi(y/X = x) = \lim_{\epsilon,\, \eta \to \infty} \frac{(x + \eta) - (x - \epsilon)}{(x + \eta) - (x - \epsilon)} = 1$$

und $\varphi(y/X = x) = 0$

Die Wahrscheinlichkeitsverteilungen der Randvariablen X und Y erhält man aus den Formeln:

$$f_1(x) = \int_{-\infty}^{+\infty} f(x, y)\, dy = \int_0^x \frac{1}{x}\, dy = 1 \qquad \text{für } 0 \leqslant x \leqslant 1$$

$$ = 0 \qquad\qquad\qquad\qquad\qquad\quad \text{für } |x| > 1$$

$$f_2(y) = \int_{-\infty}^{+\infty} f(x, y)\, dx = \int_y^1 \frac{1}{x}\, dx = -\ln y \qquad \text{für } 0 \leqslant y \leqslant 1$$

$$ = 0 \qquad\qquad\qquad\qquad\qquad\quad \text{für } |y| > 1$$

Nehmen wir an, daß wir die Dichte von X und die an $X = x$ gebundene Dichte von Y, nämlich $f_1(x)$ und $\varphi(y/X = x)$, kennen. Dann haben wir

$$f_2(y) = \int_{-\infty}^{+\infty} \varphi(y/X = x) \cdot f_1(x)\, dx$$

und daraus ergibt sich wieder

$$f_2(y) = \int_y^1 \frac{dx}{y} = -\ln y \qquad \text{für } 0 \leqslant y \leqslant 1$$

$$ = 0 \qquad\qquad \text{für } y| > 1$$

3.4. Unabhängigkeit von zwei Zufallsvariablen

Der Fall von zwei diskreten Variablen wurde bereits behandelt. Im allgemeinen heißen die zwei Zufallsvariablen X und Y aus einer zweidimensionalen Zufallsvariablen (X, Y) unabhängig, wenn für beliebige Intervalle I_1 und I_2 die beiden Ereignisse „X nimmt einen Wert von I_1 an $(X \in I_1)$" und „Y nimmt einen Wert von I_2 an $(Y \in I_2)$" unabhängig sind.

Es seien F_1 und F_2 die Verteilungsfunktionen von X und Y und F die Verteilungsfunktion von (X, Y). Wählt man

$$I_1 = \,]-\infty, x\,[\quad \text{und} \quad I_2 = \,]-\infty, y\,[$$

so ergibt sich

$$F_1(x) \cdot F_2(y) = F(x, y).$$

Umgekehrt gilt, wenn diese Relation für alle Werte von x und y erfüllt ist, daß X und Y unabhängig sind. Wenn insbesondere X und Y absolut stetig sind mit den Dichten f_1 und f_2, so erhält man aus

$$F_1(x) \cdot F_2(y) = F(x, y)$$

durch Differenzieren nach x und y die Relation

$$f_1(x) \cdot f_2(y) = \frac{\delta^2 F}{\delta x\, \delta y} = f(x, y)$$

wobei $f(x, y)$ die Wahrscheinlichkeitsdichte von (X, Y) ist. Nehmen wir umgekehrt an, es gelte für alle x und y

$$f_1(x) \cdot f_2(y) = f(x, y)$$

wobei f_1, f_2 und f die Dichten von X, Y und (X, Y) sind. Es sei der Bereich der Ebene, der durch die Intervalle I_1 und I_2 auf den beiden Achsen definiert ist:

$$W[(X \in I_1) \cap (Y \in I_2)] = \iint\limits_{\Delta} f_1(x) \cdot f_2(y)\, dx\, dy$$

$$= \int\limits_{I_1} f_1(x)\, dx \cdot \int\limits_{I_2} f_2(y)\, dy$$

$$= W(X \in I_1) \cdot W(Y \in I_2)$$

Auf diese Weise beweist man die Unabhängigkeit von X und Y.

X und Y seien wieder Zufallsvariable. Wir betrachten die zwei durch $V := \varphi_1(X)$ $W := \varphi_2(Y)$ definierten Zufallsvariablen V und W. Ohne Beweis sei mitgeteilt, daß aus der Unabhängigkeit von X und Y auch die Unabhängigkeit von V und W folgt.

3.5. Zufallsvariable — Funktion von Zufallsvariablen

Es sei (X, Y) ein Paar von Zufallsvariablen und φ eine Funktion von zwei Argumenten

$$\varphi: (x, y) \overset{\varphi}{\to} z.$$

Für jedes Paar (x, y) aus dem Definitionsbereich von φ erhält man so einen Wert z mit

$$z = \varphi(x, y).$$

Die Menge dieser Werte bildet die Menge aller möglichen Werte für eine Zufallsvariable Z und man schreibt $Z: = \varphi(X, Y)$, wodurch ausgedrückt wird, daß Z eine Funktion des Paares von Zufallsvariablen (X, Y) ist.

Wir wollen die Wahrscheinlichkeitsverteilung für Z bestimmen. Es sei $G(z)$ die Verteilungsfunktion von Z. Man weiß, daß

$$G(z) \overset{\text{def}}{=} W(Z < z)$$

Für einen gegebenen Wert z bestimmt $\varphi(x, y) < z$ in der (x, y)-Ebene einen oder mehrere Bereiche Δ. Also gilt

$$G(z) = W(M \in \Delta) \tag{3.6}$$

Daraus schließt man:

a) Wenn das Paar (X, Y) diskret ist, so gilt

$$G(z) = \sum_{(x_i, y_j) \, \varepsilon \, \Delta} W[(X = x_i) \cap (Y = y_j)] \tag{3.7}$$

Z ist dann ebenfalls diskret und es ist bequemer, wenn man die Wahrscheinlichkeiten für alle möglichen Ereignisse $z = z_k$ angibt.
Es folgt:

$$W(Z = z_k) = \sum_{\varphi(x_i, y_j) = z_k} W[(X = x_i) \cap (Y = y_j)] \tag{3.7'}$$

b) Wenn das Paar (X, Y) absolut stetig ist, so gilt

$$G(z) = \iint_{\Delta} f(x, y) \, dx \, dy \tag{3.8}$$

worin $f(x, y)$ die Wahrscheinlichkeitsdichte von (X, Y) bedeutet.

Beispiele

a) *Diskreter Fall.* Das Paar (X, Y) habe die in der folgenden Tabelle beschriebene Wahrscheinlichkeitsverteilung:

Y \ X	−1	0	+1
−3	0,1	0,05	0
−1	0,15	0,1	0,1
+1	0	0,15	0,2
+2	0,1	0	0,05

Es sei $Z := X \cdot Y$.

Die Menge der möglichen Werte für Z ist

$$\{-3, -2, -1, 0, 1, 2, 3\}$$

mit $W(Z = -3) = 0$.

$$W(Z = -2) = 0{,}1; \qquad W(Z = -1) = 0{,}1;$$
$$W(Z = 0) = 0{,}3; \qquad W(Z = 1) = 0{,}35;$$
$$W(Z = 2) = 0{,}05; \qquad W(Z = 3) = 0{,}1;$$

$$W(Z = -2) = \ldots$$

b) *Stetiger Fall.* Summe von zwei Zufallsvariablen.

Es sei (X, Y) ein absolut stetiges Paar von Zufallsvariablen und $f(x, y)$ seine Wahrscheinlichkeitsdichte. Die Zufallsvariable

$$Z := X + Y$$

hat als Verteilungsfunktion

$$G(z) = \iint\limits_{\Delta} f(x, y)\, dx\, dy$$

wobei Δ die von den Punkten $M(x, y)$ mit $x + y < z$ gebildete Halbebene ist (Bild 3.2).

Wir führen nun eine Variablentransformation durch:

$$\begin{cases} x := x \\ y := z - x \end{cases}$$

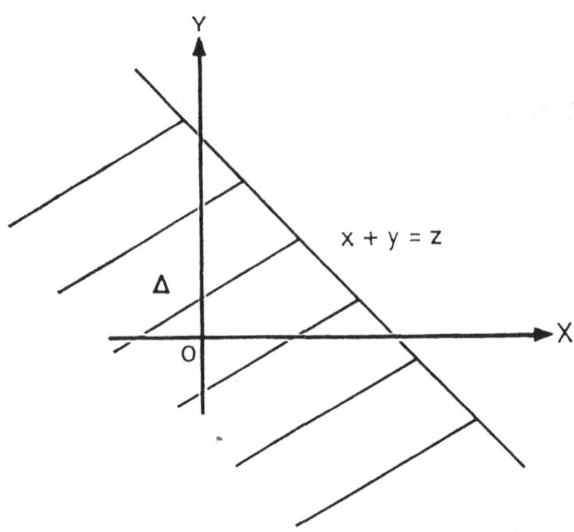

Die Jakobische Determinante der Transformation ist gleich 1, daraus folgt

$$G(z) = \iint_{\Delta'} f(x, z - x)\, dx\, dy$$

wobei Δ' das Bild von Δ in der XOZ-Ebene ist. Δ' ist die Halbebene unter der Geraden mit der Ordinate z parallel zu OX.

$$G(z) = \int_{-\infty}^{z} \int_{-\infty}^{+\infty} f(x, z - x)\, dx\, dz$$

Dieser Ausdruck ist von der Form

$$G(z) = \int_{-\infty}^{z} g(z)\, dz$$

Daraus schließt man für die Wahrscheinlichkeitsdichte von Z:

$$g(z) = \int_{-\infty}^{+\infty} f(x, z - x)\, dx \tag{3.9}$$

Wenn die beiden Zufallsvariablen X und Y getrennt gegeben sind, so ist das Problem schlecht gestellt. Zur Bestimmung der Verteilung von $Z := \varphi(X, Y)$ benötigt man die Verteilung des Paares (Bild 3.3).

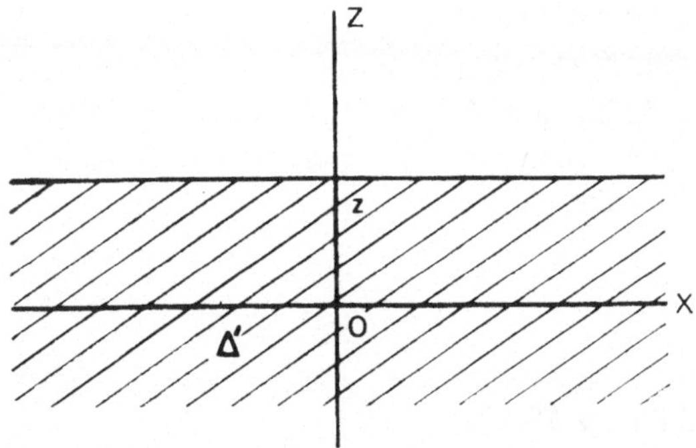

Bild 3.3

In der Angabe muß somit enthalten sein:

Die Aussage, daß X und Y unabhängig sind, wodurch man die Verteilung des Paares bestimmen kann, oder die Verteilung einer der Variablen, zum Beispiel von X, und die Verteilung der anderen gebunden an die erste, $Y/(X = x)$.

Beispiele

a) Wir nehmen nochmals den Fall von zwei Zufallsvariablen, setzen jetzt aber Unabhängigkeit zwischen X und Y voraus.

Es seien $f_1(x)$ und $f_2(y)$ die entsprechenden Wahrscheinlichkeitsdichten.

Die Dichte des Paares (X, Y) ist dann $f(x, y) = f_1(x) \cdot f_2(y)$.

$$G(z) = \iint_\Delta f(x, y)\, dx\, dy = \iint_\Delta f_1(x) \cdot f_2(y)\, dx\, dy$$

$$= \iint_\Delta f_1(x) \cdot f_2(z - x)\, dx\, dz$$

$$= \int_{-\infty}^{z} \left[\int_{-\infty}^{+\infty} f_1(x) \cdot f_2(z - x)\, dx \right] dz$$

und die Wahrscheinlichkeitsdichte von Z ist

$$g(z) = \int_{-\infty}^{+\infty} f_1(x)\, f_2(z - x)\, dx$$

also das Faltungsprodukt von f_1 und f_2.

b) Die Variablen X und Y erhalte man auf die folgende Art:

Man bestimme zuerst den Wert der gleichförmig über dem Intervall (0,1) verteilten Zufallsvariablen X. Dann sei y der Wert einer Zufallsvariablen Y mit gleichförmiger Verteilung über dem Intervall [0,1], wobei x der von X angenommene Wert ist. Die Variablen X und Y sind nicht unabhängig. Ihre Dichten sind:

$$\text{Für X:}\quad f_1(x) = \begin{cases} 0 & \text{für } x \notin [\![0,1]\!] \\ 1 & \text{für } x \in [\![0,1]\!] \end{cases}$$

$$\text{Für Y/(X = x):}\quad \varphi(y/(X=x)) = \begin{cases} 0 & \text{für } y \notin [\![0,x]\!] \\ 1/x & \text{für } y \in [\![0,x]\!] \end{cases}$$

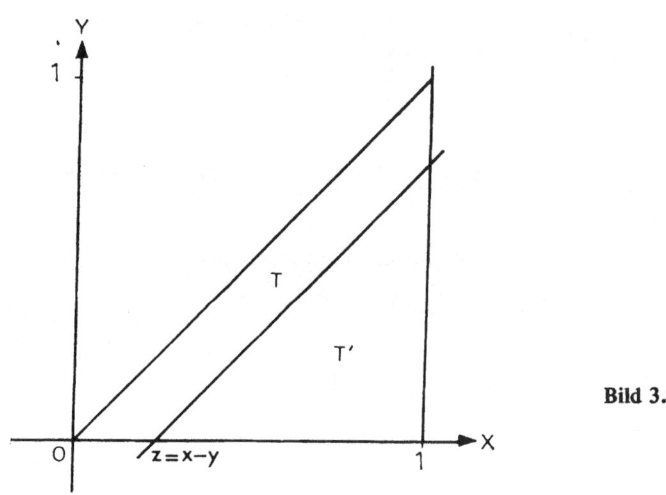

Bild 3.4

Daraus folgt

$$W[(x < X < x + dx) \cap (y \leqslant Y < y + dy)]$$
$$= W[x \leqslant X < x + dx] \cdot W[(y \leqslant Y < y + dy)/X = x]$$
$$= f_1(x)\, dx \cdot \varphi(y/(X = x))\, dy$$

und daraus

$$f(x, y) = \begin{cases} 0 & \text{für } M(x, y) \notin T \\[2mm] \dfrac{1}{x} & \text{für } M(x, y) \in T \end{cases}$$

Man verifiziert leicht, daß

$$\iint \frac{dx\,dy}{x} = 1$$

Wir betrachten nun

$$Z := X - Y$$

$$G(z) = \iint\limits_{\text{Trapez}} \frac{dx\,dy}{x}$$

$$= 1 - \iint\limits_{T'} \frac{dx\,dy}{x}$$

$$= 1 - \int\limits_{0}^{1}\left[\int\limits_{0}^{x-z} \frac{dy}{x}\right] dx = 1 - \int\limits_{z}^{1}\left(1 - \frac{z}{x}\right) dx$$

$$G(z) \begin{cases} = z(1 - \log z) & \text{für } z \in \llbracket 0,1 \rrbracket \\ = 0 & \text{für } z \in \rrbracket -\infty, 0 \llbracket \\ = 1 & \text{für } z \in \rrbracket 1, +\infty \llbracket \end{cases}$$

3.6. Übungen

Übung 1. Man werfe einen Würfel, dessen Seiten mit 1 bis 6 numeriert sind. Es sei X der Rest der Division von 2 durch die geworfene Zahl und Y der Rest der Division von 3 durch dieselbe Zahl. Man berechne die Randwahrscheinlichkeiten. Sind X und Y unabhängige Variable?

Lösung. Jede der Zahlen von 1 bis 6 hat eine Wahrscheinlichkeit 1/6. Es sei D die Zufallsvariable, deren Werte die ganzen Zahlen von 1 bis 6 sind, von denen jede die Wahrscheinlichkeit 1/6 habe.

Daraus folgt

	$\frac{1}{6}$	$\frac{1}{6}$	$\frac{1}{6}$	$\frac{1}{6}$	$\frac{1}{6}$	$\frac{1}{6}$
D:	1	2	3	4	5	6
X:	1	0	1	0	1	0
Y:	1	2	0	1	2	0

Man erhält daraus das Paar (X, Y) durch Berechnung von

$$W[(X = i \cap Y = j)] \text{ für } i = 0,1 \text{ und } j = 0, 1, 2.$$

Für alle i und alle j gilt

$$W[(X = i) \cap (Y = j)] = W(X = i) \cdot W(Y = j).$$

Die Variablen X und Y sind also unabhängig.

Y \ X	0	1	Randverteilung Y
0	$\frac{1}{6}$	$\frac{1}{6}$	$\frac{1}{3}$
1	$\frac{1}{6}$	$\frac{1}{6}$	$\frac{1}{3}$
2	$\frac{1}{6}$	$\frac{1}{6}$	$\frac{1}{3}$
Randverteilung X	$\frac{1}{2}$	$\frac{1}{2}$	1

Übung 2. $X_1, X_2, \ldots, X_n$ seien n Zufallsvariable, alle mit derselben Wahrscheinlichkeitsverteilung. Die gemeinsame Verteilung bzw. Dichte der Variablen X_i werde mit $F(x)$ bzw. $f(x)$ bezeichnet.

1. Welche Verteilungsfunktionen und welche Dichten gehören zu den Variablen

$$Y: = \text{Max}(X_1, \ldots, X_n) \text{ und } Z: = \text{Min}(X_1, \ldots, X_n)?$$

2. Man bestimme die Verteilungsfunktion und die Dichte für das Paar (X, Y).

Lösung

1. Bei einem Versuch haben die n Variablen $X_1, \ldots, X_n$ der Reihe nach die Werte $x_1, \ldots, x_n$ geliefert. Der entsprechende Wert für Y ist dann der größte der Werte x_i für $i = 1, 2, \ldots, n$.

Wir bezeichnen durch $G(y)$ die Verteilungsfunktion von $Y: = \text{Max}(X_1, \ldots, X_n)$.

Nach Definition gilt $G(y) = W(\text{Max}(X_1, \ldots, X_n) < y)$.

Das Ereignis $\text{Max}(X_1, \ldots, X_n) < y$ ist äquivalent zu

$$(X_1 < y) \cap (X_2 < y) \cap \ldots \cap (X_n < y)$$

Also gilt

$$[\operatorname{Max}(X_1, \ldots, X_n) < y] = \bigcap_{i=1}^{n} (X_i < y)$$

Für jedes i gilt $W(X_i < y) = F(y)$. Wegen der Unabhängigkeit der Variablen X_i haben wir

$$W\left[\bigcap_{i=1}^{n} (X_i < y)\right] = \prod_{i=1}^{n} W(X_i < y) = [F(y)]^n$$

Man erhält somit:

$$G(y) = [F(y)]^n$$

Da nach Voraussetzung die Variablen X_i absolut stetig sind und alle dieselbe Dichte $f(x)$ besitzen, schließt man daraus auf eine Dichte $g(y)$ von Y.

$g(y) \stackrel{\text{def}}{=} \dfrac{dG}{dy}$, woraus sich ergibt: $g(y) = n \cdot f(y) [F(y)]^{n-1}$. Die Variable Z ist das Minimum von $X_1, \ldots, X_n$. Für $Z < z$ ist notwendig und hinreichend, daß mindestens für ein i $(1 \leqslant i \leqslant n)$ $X_i < z$ gilt. Das Ereignis $\operatorname{Min}(X_1, \ldots, X_n)$ ist daher äquivalent dem Ereignis

$$(X_1 < z) \cup (X_2 < z) \cup \ldots \cup (X_n < z)$$

Man erhält also: $[\operatorname{Min}(X_1, \ldots, X_n) < z] = \bigcup_{i=1}^{n} (X_i < z)$

Aus den Formeln von de Morgan findet man:

$$[\operatorname{Min}(X_1, \ldots, X_n) < z] = \overline{\bigcap_{i=1}^{n} (X_i \geqslant z)}$$

Für alle i gilt aber $W(X_i \geqslant z) = 1 - F(z)$ $(1 \leqslant i \leqslant n)$. Auf Grund der Unabhängigkeit der X_i haben wir daher:

$$W\left[\bigcap_{i=1}^{n} (X_i \geqslant z)\right] = [1 - F(z)]^n$$

und

$$W\left[\overline{\bigcap_{i=1}^{n} (X_i \geqslant z)}\right] = 1 - [1 - F(z)]^n$$

Daraus schließt man auf die Verteilungsfunktion H(z) für Z:

$$H(z) = 1 - [1 - F(z)]^n$$

Die Dichte lautet:

$$h(z) = n \cdot f(z) [1 - F(z)]^{n-1}$$

2. Für jede der Variablen X_i gilt:

$$W(a \leqslant X_i < b) = F(b) - F(a)$$

Wir bezeichnen durch A_u^v das Ereignis: „Die Werte aller X_i liegen im Intervall $\Vert u, v \Vert$". Es gilt

$$A_u^v = (\text{Min}(X_1, \ldots, X_n) \geqslant u) \cap (\text{Max}(X_1, \ldots, X_n) < v)$$
$$= (Z \geqslant u) \cap (Y < v)$$

Daraus folgt:

$$W[(Z \geqslant u) \cap (Y < v)] = [F(v) - F(u)]^n$$

Durch $\Phi(y, z)$ werde die Verteilungsfunktion des Paares (X, Y) bezeichnet:

$$\Phi(y, z) = W[(Y < y) \cap (Z < z)]$$

Wir nehmen zuerst $z \leqslant y$ an. Dann haben wir die Gleichheit der Ereignisse:

$$(Z \geqslant z) \cap (Y < y) = \overline{(Z < z) \cup (Y \geqslant y)}$$

oder

$$\overline{(Z \geqslant z) \cap (Y < y)} = (Z < z) \cup (Y \geqslant y)$$
$$= [(Z < z) \cap (Y < y)] \cup [(Z < z) \cap (Y \geqslant y)] \cup (Y \geqslant y)$$
$$= [(Z < z) \cap (Y < y)] \cup (Y \geqslant y)$$

Da die Ereignisse $[(Z < z) \cap (Y < y)]$ und $(Y \geqslant y)$ unverträglich sind, schließt man auf:

$$W\overline{[(Z \geqslant z) \cap (Y < y)]} = W[(Z < z) \cap (Y < y)] + W(Y \geqslant y)$$
$$1 - [F(y) - F(z)]^n = \Phi(y, z) + 1 - [F(y)]^n$$

Daraus ergibt sich die Verteilungsfunktion für das Paar (X, Y):

$$\Phi(y, z) = [F(y)]^n - [F(y) - F(z)]^n \text{ für } z > y$$

Für die Dichte erhält man:

$$\varphi(x, y) := \frac{\partial^2 \Phi}{\partial x\, \partial y} = n(n-1)\, f(y) \cdot f(z) [F(y) - F(z)]^{n-2} \text{ für } z \leqslant y$$

Wir betrachten nun den Fall: $z > y$

$$\Phi(y, z) = W\left[(Y < y) \cap (Z < z)\right]$$

Der größte für Z mögliche Wert (der das Minimum der X_i darstellt) ist aber y. Also gilt:

$$\Phi(y, z) = \Phi(y, y) = [F(y)]^n \quad \text{für } z > y$$

$$\varphi(y, z) = 0 \qquad\qquad \text{für } z > y$$

Übung 3. Zwei Personen vereinbaren ein Rendez-vous zwischen 12^h und 13^h an einem bestimmten Ort. Die Augenblicke der Ankunft des einen wie des anderen sind gleichförmig über dem Intervall $(12^h, 13^h)$ verteilte Zufallsvariable. Diese Variablen sind zudem unabhängig.

1. Die Wartezeit des ersten ist eine Zufallsvariable Z, deren Verteilung gesucht ist. Man berechne $E(Z)$.

2. Unter der Annahme, daß der zuerst Angekommene nach einer Wartezeit von $E(Z)$ wieder geht, berechne man die Wahrscheinlichkeit dafür, daß sich die beiden Personen treffen.

Lösung. Wir bezeichnen durch X die Zufallsvariable, die die Ankunft der einen Person beschreibt, und durch Y die andere. Man kann 12^h als Ursprung für die Zeitrechnung wählen und eine Stunde als Maßeinheit verwenden. X und Y sind also stetige Variable, die gleichmäßig über (0,1) verteilt und unabhängig sind. Unter diesen Bedingungen gilt $Z = |X - Y|$. Die Verteilungsfunktion $F(z)$ von Z ist dann gegeben durch:

$$F(z) = \text{Fläche von } \Delta \text{ für } 0 \leqslant z \leqslant 1,$$

wobei Δ der schraffierte Bereich in Bild 3.5 ist.

$$F(z) = 1 - (1 - z)^2$$
$$F(z) = 2z - z^2 \quad \text{für } 0 \leqslant z \leqslant 1$$

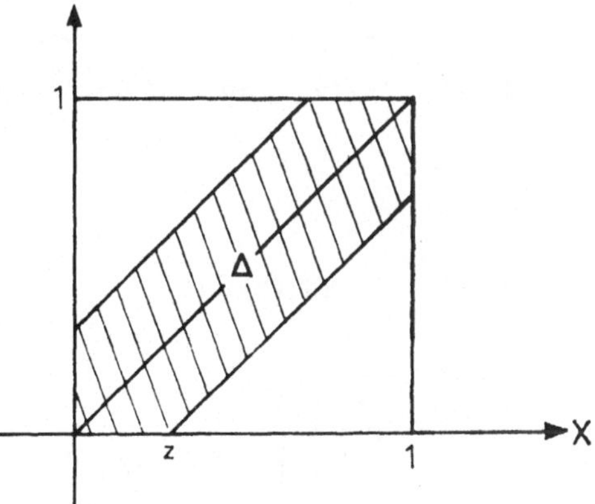

Bild 3.5

Schließlich gilt

$$F(z) = \begin{cases} 0 & \text{für } z \in \,]\!]-\infty, 0\,[\![\\ 2z - z^2 & \text{für } z \in [\![\,0, 1\,]\!] \\ 1 & \text{für } z \in \,]\!]\,1, +\infty\,[\![\end{cases}$$

und für die Dichte:

$$f(z) = \begin{cases} 2(1-z) & \text{für } z \in [\![\,0, 1\,]\!] \\ 0 & \text{für } z \notin [\![\,0, 1\,]\!] \end{cases}$$

Wir berechnen $E(Z)$:

$$E(Z) = \int\limits_0^1 2z(1-z)\,dz = \frac{1}{3} \quad \text{(d.h. 20 Minuten)}$$

2. Die Wahrscheinlichkeit dafür, daß sich die beiden Personen treffen, wenn der erste nicht länger als zwanzig Minuten wartet, ist:

$$F\left(\frac{1}{3}\right) = 2 \times \frac{1}{3} - \left(\frac{1}{3}\right)^2 = \frac{5}{9}$$

3.7. Erwartungswert und Momente

Wir beschränken uns der Einfachheit der Darstellung halber auf die Untersuchung absolut stetiger Variabler. Den Fall diskreter Variabler behandelt man völlig analog.

Es sei (X, Y) eine zweidimensionale Zufallsvariable mit der Dichte $f(x, y)$, X und Y seien die Randvariablen. Es wurde gezeigt, daß die Dichten $f_1(x)$ und $f_2(y)$ dieser Randvariablen gegeben sind durch:

$$f_1(x) = \int\limits_{-\infty}^{+\infty} f(x, y)\,dy; \quad f_2(y) = \int\limits_{-\infty}^{+\infty} f(x, y)\,dx$$

Es gilt

$$E(X) \overset{\text{def}}{=} \int\limits_{-\infty}^{+\infty} x\,f_1(x)\,dx$$

$$= \int\limits_{-\infty}^{+\infty} x \left[\int\limits_{-\infty}^{+\infty} f(x, y)\,dy\right] dx$$

Daraus folgt

$$E(X) = \iint_P x\, f(x, y)\, dx\, dy \tag{3.9}$$

wobei P die gesamte Ebene bedeute. Ebenso gilt

$$E(Y) = \iint_P y\, f(x, y)\, dx\, dy \tag{3.10}$$

Auf diese Weise läßt sich der Erwartungswert der Randvariablen mit Hilfe der Wahrscheinlichkeitsverteilung des Paares (X, Y) berechnen.

f(x, y) sei wieder die Dichte des Paares (X, Y) und φ (X, Y) sei eine Funktion der beiden Zufallsvariablen X und Y.

Den Erwartungswert für φ (X, Y) definiert man durch:

$$E[\varphi(X, Y)] \stackrel{\text{def}}{=} \iint_P \varphi(x, y)\, f(x, y)\, dx\, dy \tag{3.11}$$

Wenn Z eine Zufallsvariable ist mit Z: $= \varphi$(X, Y), so hat man auch:

$$E(Z) \stackrel{\text{def}}{=} \int_{-\infty}^{+\infty} z\, g(z)\, dz$$

Es ist zu zeigen, daß diese Größe identisch ist mit E [φ(X, Y)]. Wir nehmen das Ergebnis hin. Für φ (X, Y) = X + Y wird es später bewiesen.

Die Momente der Ordnung n (n positive ganze Zahl) bezüglich des Ursprungs sind definiert durch: $\mu'_{k, n-k}$(X, Y) der Ordnung k für X und der Ordnung n − k für Y

$$\mu'_{k, n-k}(X, Y): = E[X^k \cdot Y^{n-k}] \stackrel{\text{def}}{=} \iint_P x^k y^{n-k}\, f(x, y)\, dx\, dy$$

wenn das uneigentliche Doppelintegral konvergiert.

Ebenso definiert man die Momente bezüglich der Mittelwerte

$$\mu_{k, n-k}(X, Y): = E[(X - E(x))^k \cdot (Y - E(y))^{n-k}]$$

3.8. Theoreme über die Mittelwerte

3.8.1. Der Erwartungswert einer Summe von Zufallsvariablen

Es sei $f(x, y)$ die Dichte des Paares (X, Y):

$$E(X + Y) = \iint_P (x + y)\, f(x, y)\, dx\, dy$$

$$= \iint_P x\, f(x, y)\, dx\, dy + \iint_P y\, f(x, y)\, dx\, dy$$

Daraus folgt

$$\boxed{E(X + Y) = E(X) + E(Y)} \tag{3.12}$$

Wir haben die Definition von $E\left[\varphi(X, Y)\right]$ verwendet. Wir berechnen jetzt $E(Z)$ mit $Z = X + Y$.

Es wurde gezeigt, daß

$$g(z) = \int_{-\infty}^{+\infty} f(x, z - x)\, dx$$

$$E(Z) = \int_{-\infty}^{+\infty} z \left[\int_{-\infty}^{+\infty} f(x, z - x)\, dx \right] dz$$

Mit Hilfe der Variablentransformation

$$\begin{cases} x = x \\ z = x + y \end{cases}$$

deren Jakobische Determinante gleich 1 ist, erhält man:

$$E(Z) = \iint_P (x + y) \cdot f(x, y)\, dx\, dy$$

woraus man die Kohärenz der Definition von $E\left[\varphi(X, Y)\right]$ erkennt, wenn φ eine Summe ist.

Wir haben also gezeigt, daß der Erwartungswert der Summe von zwei Zufallsvariablen gleich der Summe der Erwartungswerte dieser Variablen ist.

Dieses Ergebnis läßt sich rekursiv auf eine beliebige Summe von n Zufallsvariablen
$X_1, X_2, \ldots, X_n$ ausdehnen.
Man erhält:

$$\boxed{E(X_1 + X_2 + \ldots + X_n) = E(X_1) + E(X_2) + \ldots + E(X_n)} \qquad (3.12')$$

Es sei bemerkt, daß dieses Ergebnis sowohl für unabhängige als auch für abhängige Variable gilt. Zur Bestimmung von $E(X + Y)$ ist also die Kenntnis der Verteilung von (X, Y)
nicht notwendig. Es genügt, wenn man die Randverteilungen kennt.

3.8.2. Der Erwartungswert eines Produktes von unabhängigen Zufallsvariablen

Es ist leicht einzusehen, daß die Kenntnis der Randverteilungen allein nicht zur Bestimmung
des Erwartungswerts von $X \cdot Y$ ausreicht.

Man könnte zum Beispiel zwei diskrete endliche und nicht unabhängige Variable X und Y
vorgeben. Es gibt dann unendlich viele Lösungen für die Menge der $p_{i,j}$, und für zwei verschiedene Lösungen sind auch die Werte von $E(X \cdot Y)$ verschieden.

Um dies einzusehen, kann man das folgende einfache Beispiel betrachten:

Es sei (X, Y) ein Paar von Zufallsvariablen, deren Darstellungen in der Ebene die Menge
der beiden Punkte $(-1, -1)$ und $(1,1)$ ist, von denen jeder die Wahrscheinlichkeit 1/2
habe.

(X', Y') sei ein Paar, das durch die Punkte $(-1,1)$ und $(1, -1)$ dargestellt wird, jeder
Punkt mit einer Wahrscheinlichkeit von 1/2. Man erhält die folgenden Tabellen:

Y \ X	-1	$+1$	Randverteilung Y
-1	$\frac{1}{2}$	0	$\frac{1}{2}$
$+1$	0	$\frac{1}{2}$	$\frac{1}{2}$
Randverteilung X	$\frac{1}{2}$	$\frac{1}{2}$	1

Y' \ X'	-1	$+1$	Randverteilung Y'
-1	0	$\frac{1}{2}$	$\frac{1}{2}$
$+1$	$\frac{1}{2}$	0	$\frac{1}{2}$
Randverteilung X'	$\frac{1}{2}$	$\frac{1}{2}$	1

Es gilt $X = X'$, $Y = Y'$. Andererseits gilt aber $E(X \cdot Y) = 1$ und $E(X' \cdot Y') = -1$.
Wenn im Gegensatz dazu X und Y unabhängige Variable sind, so läßt sich zeigen, daß

$$E(X \cdot Y) = E(X) \cdot E(Y)$$

Wir erläutern das Theorem für den absolut stetigen Fall.

$$\left. \begin{array}{l} f_1(x): \text{ Dichte von } X \\ f_2(y): \text{ Dichte von } Y \end{array} \right\} \Rightarrow f(x, y) = f_1(x) \cdot f_2(y)$$

Daraus folgt

$$E(X \cdot Y) = \iint\limits_{P} x\, y\, f_1(x)\, f_2(y)\, dx\, dy$$

$$= \int\limits_{-\infty}^{+\infty} x\, f_1(x)\, dx \int\limits_{-\infty}^{+\infty} y\, f_2(y)\, dy$$

$$\boxed{E(X \cdot Y) = E(X) \cdot E(Y)} \qquad (3.13)$$

3.8.3. Der Erwartungswert einer Konstanten und des Produkts einer Zufallsvariablen mit einer Konstanten

c sei eine Konstante. Diese läßt sich als Zufallsvariable C auffassen, die den einzigen Wert c mit der Wahrscheinlichkeit 1 annimmt.

$$\boxed{E(C) = c} \qquad (3.14)$$

Man kann nun das Ergebnis über den Erwartungswert eines Produkts von zwei Zufallsvariablen anwenden. Für den Spezialfall, daß eine davon eine Konstante ist, gilt

$$\boxed{E(c \cdot X) = c\,E(X)} \tag{3.15}$$

3.8.4. Die Varianz einer Konstanten

$$\mu_2(C) = E[(C - E(C))^2] = 0 \tag{3.16}$$

3.8.5. Die Varianz von $c \cdot X$, wenn c eine Konstante ist

$$\begin{aligned}
\sigma^2(C \cdot X) &= E[(CX - E(CX))^2] \\
&= E[(CX - CE(X))^2] \\
&= E[C^2(X - E(X))^2] = C^2 E[X - E(X)]^2
\end{aligned}$$

Daraus folgt

$$\boxed{\sigma^2(CX) = c^2\,\sigma^2(X)} \tag{3.17}$$

3.8.6. Die Varianz einer Summe von zwei unabhängigen Zufallsvariablen

X und Y seien zwei unabhängige Zufallsvariable.

$\sigma^2(X)$ und $\sigma^2(Y)$ repräsentieren die Varianzen von X und Y.

$\sigma^2(X + Y)$ ist die Varianz von $X + Y$.

Oder

$$\sigma^2(X + Y) = E\{[(X + Y) - E(X + Y)]^2\}$$
$$\sigma^2(X + Y) = E\{[(X - E(X)) + (Y - E(Y))]^2\}$$

Wir setzen:

$$X' := X - E(X) \quad X' \text{ ist eine zentrierte Variable}$$
$$Y' := Y - E(Y) \quad Y' \text{ ist eine zentrierte Variable}$$
$$\begin{aligned}
\sigma^2(X + Y) &= E[(X' + Y')^2] = E[X'^2 + Y'^2 + 2X'Y'] \\
&= E(X'^2) + E(Y'^2) + 2E(X'Y')
\end{aligned}$$

Da X und Y unabhängig sind, gilt dies auch für X' und Y', und folglich ist:

$$E(X'Y') = E(X') \cdot E(Y').$$

Wegen $E(X') = E(Y') = 0$ gilt weiterhin

$$\sigma^2(X+Y) \;= E(X'^2) + E(Y'^2)$$
$$= E[(X - E(X))^2] + E[(Y - E(Y))^2]$$
$$= \sigma^2(X) + \sigma^2(Y)$$

Daraus folgt

$$\boxed{\sigma^2(X+Y) = \sigma^2(X) + \sigma^2(Y)} \tag{3.18}$$

3.9. Der Korrelationskoeffizient

Wir betrachten die zentrierten Momente:

$$\mu_{2,0}(X,Y) := E[(X - E(X))^2] = \sigma^2(X)$$
$$\mu_{1,1}(X,Y) := E[(X - E(X)) \cdot (Y - E(Y))]$$
$$\mu_{0,2}(X,Y) := E[(Y - E(Y))^2] = \sigma^2(Y)$$

Für beliebige reelle Zahlen u und v gilt:

$$E\{[u \cdot (X - E(X)) + v \cdot (Y - E(Y))]^2\} = \mu_{2,0}u^2 + 2\mu_{1,1}u \cdot v + \mu_{0,2}v^2 \geqslant 0$$

Wir betrachten diesen Ausdruck als Trinom in u, das nicht negativ werden kann, und schließen daraus, daß seine Diskriminante kleiner oder gleich Null sein muß:

$$v^2(\mu_{1,1}^2 - \mu_{2,0} \cdot \mu_{0,2}) \leqslant 0$$

Daraus folgt die Ungleichung

$$\boxed{\mu_{1,1}^2 \leqslant \mu_{2,0} \cdot \mu_{0,2}}$$

Als Korrelationskoeffizienten ρ der Variablen X und Y bezeichnet man die durch

$$\boxed{\rho \overset{\text{def}}{=} \frac{\mu_{1,1}}{\sqrt{\mu_{2,0}\mu_{0,2}}} = \frac{\mu_{1,1}}{\sigma_1 \sigma_2}} \tag{3.19}$$

definierte Größe, worin σ_1 für $\sigma(X)$ und σ_2 für $\sigma(Y)$ steht. Aus der vorangehenden Ungleichung folgt $-1 \leqslant \rho \leqslant +1$. Wir untersuchen den Fall, in dem die Extremwerte für ρ vorliegen.

Theorem. Notwendig und hinreichend dafür, daß der Korrelationskoeffizient ρ den Wert $+1$ oder den Wert -1 annimmt, ist die Verteilung des gesamten Maßes in der (X, Y)-Ebene auf einer Geraden.

a) Die Bedingung ist notwendig:

Nach Annahme ist $\rho = \pm 1$. Wir nehmen nochmals die Ungleichung:

$$E\left\{[u \cdot (X - E(X)) + v \cdot (Y - E(Y))]^2\right\} = \mu_{2,0}u^2 + 2\mu_{1,1}u \cdot v + \mu_{0,2}v^2 \geqslant 0$$

und setzen $u = \rho\,\sigma_2$, $v = -\sigma_1$. Dann gilt

$$E\left\{[u \cdot (X - E(X)) + v(Y - E(Y))]^2\right\} = 0$$

was bedeutet, daß die ersten zwei Momente der Variablen

$$\rho\,\sigma_2 \cdot (X - E(X)) - \sigma_1 \cdot (Y - E(Y))$$

Null sind. Es folgt daraus, daß diese Variable einen Mittelwert und eine Streuung besitzt, die beide gleich Null sind. Diese Variable kann daher nur den Wert 0 mit der Wahrscheinlichkeit 1 annehmen. Daraus folgt, daß die Verteilungsfunktion der zweidimensionalen Variablen (X, Y) nur auf der Geraden

$$\rho\,\sigma_2 \cdot (X - E(X)) - \sigma_1 \cdot (Y - E(Y)) = 0$$

von Null verschieden ist.

b) Die Bedingung ist hinreichend:

Nach Annahme ist das gesamte Maß auf einer gewissen Geraden verteilt. Der Punkt mit den Koordinaten $x = E(X)$ und $y = E(Y)$ befindet sich dann auf dieser Geraden, deren Gleichung man in der Form

$$u_0(x - E(X)) + v_0(y - E(Y)) = 0$$

schreiben kann, wobei u_0 und v_0 nicht gleichzeitig Null sind. Wir nehmen an $u_0 \neq 0$, und setzen $u = u_0$, $v = v_0$. Man erhält dann:

$$E\left\{[u_0(X - E(X)) + v_0(Y - E(Y))]^2\right\} = 0$$

Daraus folgt

$$\mu_{2,0}u_0^2 + 2\mu_{1,1}u_0v_0 + \mu_{0,2}v_0^2 = 0$$

oder

$$\sigma_1^2 u_0^2 + 2\rho\sigma_1\sigma_2 u_0 v_0 + \sigma_2^2 v_0^2 = 0$$

$$(1 - \rho^2)\sigma_1^2 u_0^2 + (\rho\sigma_1 u_0 + \sigma_2 v_0)^2 = 0$$

Wegen $\sigma_1 \neq 0$ und $u_0 \neq 0$ folgt aus der letzten Gleichung:

$$\rho^2 = 1 \text{ und daher } \rho = \pm 1.$$

Ein Korrelationskoeffizient $\rho = \pm 1$ bedeutet daher eine lineare Beziehung zwischen den Werten von X und den Werten von Y und umgekehrt.

Wir betrachten jetzt den Fall, daß die Variablen X und Y unabhängig sind. In diesem Fall gilt:

$$\mu_{1,1} = E\left[(X - E(X)) \cdot (Y - E(Y))\right]$$
$$= E(X - E(X)) \cdot E(Y - E(Y)) = 0$$

und daher $\rho = 0$.

Wenn $\rho = 0$ gilt, so heißen die Variablen X und Y *unkorreliert*. Wir haben also bewiesen, daß zwei unabhängige Variable immer unkorreliert sind.

Die umgekehrte Aussage ist nicht immer wahr. Zwei unkorrelierte Variable müssen nicht notwendig unabhängig sein. Es genügt, wenn man ein Gegenbeispiel dafür findet.

Wir betrachten die absolut stetige zweidimensionale Zufallsvariable (X, Y), deren Dichte im Kreis $x^2 + y^2 \leqslant 1$ konstant und außerhalb davon 0 ist. Man sieht leicht aus Symmetriegründen ein, daß $\mu_{1,1} = 0$ ist. X und Y sind daher unkorreliert. Die beiden Variablen sind jedoch nicht unabhängig. Wären sie es, so könnte man schreiben

$$W\left[\left(X > \sqrt{\tfrac{1}{2}}\right) \cap \left(Y > \sqrt{\tfrac{1}{2}}\right)\right] = W\left(X > \sqrt{\tfrac{1}{2}}\right) \cdot W\left(Y > \sqrt{\tfrac{1}{2}}\right)$$

Das linke Glied der Gleichung ist aber Null, während das rechte Glied strikt positiv ist.

3.10. Übungen

Übung 1. Man betrachte die Zufallsvariablen $X_1, X_2, \ldots, X_{n+m}$, die unabhängig seien, alle dieselbe Verteilung haben sollen und deren Varianzen endlich sind.

Es seien

$$U_n = X_1 + X_2 + \ldots + X_n \quad \text{und} \quad V_{m,n} = X_{m+1} + X_{m+2} + \ldots + X_{m+n}$$

Man berechne die Korrelationskoeffizienten von U_n und $V_{m,n}$.

Lösung

$$\rho(U_n, V_{m,n}) = \frac{\mu_{1,1}(U_n, V_{m,n})}{\sigma(U_n)\,\sigma(V_{m,n})}$$

Wir setzen:

$$\mu := E(X)$$
$$\sigma := \sigma(X)$$

Daraus folgt:

$$E(U_n) = n\mu; \qquad E(V_{m,n}) = n\mu$$
$$\sigma^2(U_n) = n\sigma^2; \qquad \sigma^2(V_{m,n}) = n\sigma^2$$

Es bleibt noch das Moment $\mu_{1,1}$ zu berechnen:

$$\mu_{1,1}(U_n, V_{m,n}) = E[(U_n - E(U_n))(V_{m,n} - E(V_{m,n}))]$$
$$= E(U_n \cdot V_{m,n}) - E(U_n) \cdot E(V_{m,n})$$

Bei der Berechnung von $E(U_n \cdot V_{m,n})$ sind zwei Fälle zu betrachten:
In der Tat:

$$E(U_n \cdot V_{m,n}) = E\left[\left(\sum_{i=1}^{n} X_i\right) \cdot \left(\sum_{j=m+1}^{m+n} X_j\right)\right]$$

$$= \sum_{i=1}^{n} \sum_{j=m+1}^{m+n} E(X_i \cdot X_j)$$

Wenn für alle i und alle j $i \neq j$ gilt, so sind die Erwartungswerte $E(X_i, X_j)$ die Erwartungswerte eines Produkts von unabhängigen Variablen und es gilt

$$E(X_i \cdot X_j) = E(X_i) \cdot E(X_j) = \mu^2$$

Dieser Fall tritt für $m \geqslant n$ ein.

Es folgt daraus:

a) $m \geqslant n$. Die Indexverteilung ist

$$\overbrace{1, \ldots, n}^{U_n}, \ldots, m, \underbrace{m+1, \ldots, m+n}_{V_{m,n}}$$

$$E(U_n \cdot V_{m,n}) = n^2 \mu^2$$
$$\mu_{1,1}(U_n, V_{m,n}) = n^2 \mu^2 - n^2 \mu^2 = 0$$

Daraus folgt $\rho = 0$, was zu erwarten war, da in diesem Fall U_n und $V_{m,n}$ unabhängige Variable sind.

b) $m < n$. Die Indexverteilung ist

$$\overbrace{1, \ldots, m, m+1, \ldots, n}^{U_n}, \ldots, m+n$$
$$\underbrace{}_{V_{m,n}}$$

Somit gehören $m - n$ Variable sowohl zur Summe U_n als auch zur Summe $V_{m,n}$.

$$E(U_n \cdot V_{m,n}) = \sum_{i=1}^{n} \sum_{j=m+1}^{m+n} E(X_i \cdot X_j)$$

$$= (n^2 - (n-m)) \, E(X_i \cdot X_j) + (n-m) \, E(X_i^2)$$

worin $i \neq j$ gilt.

Es gilt

$$E(X_i^2) = E\,[X_i - E(X_i)]^2 + [E(X_i)]^2$$
$$= \sigma^2 + \mu^2$$

Daraus folgt

$$E(U_n \cdot V_{m,n}) = [n^2 - (n-m)]\,\mu^2 + (n-m)\,(\sigma^2 + \mu^2)$$
$$= (n-m)\,\sigma^2 + n^2\mu^2$$
$$\mu_{1,1}(U_n, V_{m,n}) = (n-m)\,\sigma^2$$
$$\rho = \frac{(n-m)\,\sigma^2}{n\sigma^2} = 1 - \frac{m}{n}$$

Für $m = 0$ sind die beiden Summen U_n und $V_{m,n}$ identisch. Ihr Korrelationskoeffizient ist gleich 1. Für $m \geqslant n$ haben wir bereits gesehen, daß U_n und $V_{m,n}$ unabhängig sind.

Übung 2. Man betrachte die Ellipse $x^2 + 4\,y^2 = a^2$ und den Kreis $4\,(x^2 + y^2) = a^2$ (Bild 3.6).

Es sei R der Bereich der Ebene, der im Inneren der Ellipse, aber im Äußeren des Kreises liegt. Man betrachte die auf R gleichmäßig verteilte Zufallsvariable (X, Y).

1. Man berechne die Dichte von (X, Y).
2. Wie lauten die Randdichten $f_1(x)$ und $f_2(y)$?
3. Man berechne $E(X)$, $E(Y)$, $\sigma^2(X)$ und $\sigma^2(Y)$?
4. Wie groß ist der Korrelationskoeffizient zwischen X und Y?
5. Sind die Variablen X und Y unabhängig?

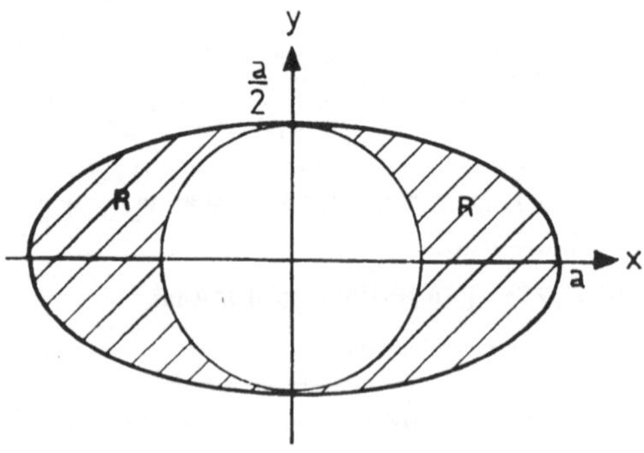

Bild 3.6

Lösung

1. R ist der schraffierte Bereich. $f(x, y)$ ist also konstant auf R und außerhalb davon gleich Null. Somit gilt:

$$f(x, y) = \frac{1}{\text{Flächeninhalt von R}} = \frac{1}{\pi \dfrac{a^2}{2} - \pi \dfrac{a^2}{4}} = \frac{4}{\pi a^2}$$

$$\boxed{\begin{aligned} f(x, y) &= \frac{4}{\pi a^2} \text{ wenn } (x, y) \in R \\[2mm] &= 0 \text{ sonst} \end{aligned}}$$

2. $f_1(x) = \displaystyle\int_{-\infty}^{+\infty} f(x, y)\, dy.$

Da $f(x, y)$ entweder konstant oder gleich Null ist, stellt $f_1(x)$ einen Faktor dar, der gleich der Länge der Strecke ist, die die zu Oy parallele Gerade D durch den Punkt $(x, 0)$ mit dem Bereich R gemeinsam hat.

Es sind drei Fälle möglich:

1. Fall: $|x| \notin [\![0, +a]\!]$, $f_1(x) = 0$ (Gerade D_1)

2. Fall: $|x| \in \left[\dfrac{a}{2}, a\right]$, $f_1(x) = \dfrac{4}{\pi a^2} \cdot 2\left(\dfrac{a}{2}\sqrt{1 - \dfrac{x^2}{a^2}}\right)$

$$= \frac{4}{\pi a^2}\sqrt{a^2 - x^2} \quad \text{(Gerade } D_2)$$

3. Fall: $|x| \in \left[0, \dfrac{a}{2}\right]$, $f_1(x) = \dfrac{4}{\pi a^2}\left[\sqrt{a^2 - x^2} - \sqrt{a^2 - 4x^2}\right]$ (Gerade D_3)

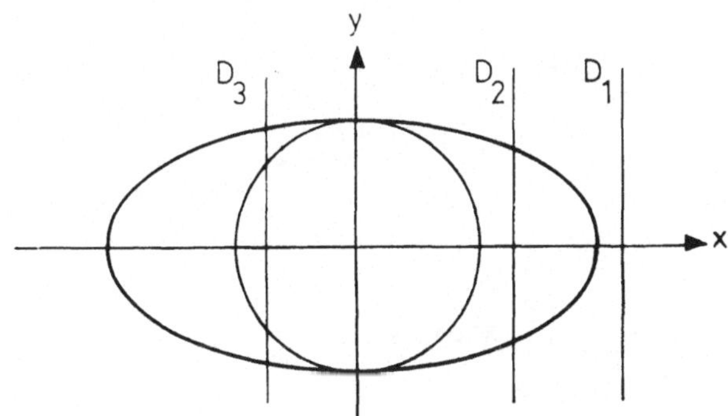

Bild 3.7

Also gilt:

$$
\begin{aligned}
f_1(x) &= 0 \text{ wenn } |x| > a \\[2mm]
&= \frac{4}{\pi a^2} \sqrt{a^2 - x^2} \text{ wenn } \frac{a}{2} < |x| \leqslant a \\[2mm]
&= \frac{4}{\pi a^2} [\sqrt{a^2 - x^2} - \sqrt{a^2 - 4x^2}] \text{ wenn } |x| \leqslant \frac{a}{2}
\end{aligned}
$$

Für y hat man nur zwei Fälle zu unterscheiden, je nachdem, ob y zwischen $-a/2$ liegt oder nicht.

$$
\begin{aligned}
f_2(y) &= 0 \text{ wenn } |y| > \frac{a}{2} \\[2mm]
&= \frac{4}{\pi a^2} \sqrt{a^2 - 4y^2} \text{ wenn } |y| \leqslant \frac{a}{2}
\end{aligned}
$$

3. $E(X) = 0 = E(Y)$ aus Symmetriegründen.

Man verifiziert diese Behauptung leicht an Hand der entsprechenden Ausdrücke. Zum Beispiel gilt

$$
E(X) = \int_{-\infty}^{+\infty} y\, f_2(y)\, dy = \frac{4}{\pi a^2} \int_{-\frac{a}{2}}^{+\frac{a}{2}} y \sqrt{a^2 - 4y^2}\, dy = 0
$$

da $y \sqrt{a^2 - 4y^2}$ ungerade ist.

Berechnung von $\sigma^2(X)$. Wir haben:

$$
\sigma^2(X) = \iint_{-\infty}^{+\infty} x^2 f(x, y)\, dx\, dy
$$

$$
= \mu_2'(X) - [E(X)]^2 = \mu_2'(X) = \frac{4}{\pi a^2} \iint_{R} x^2\, dx\, dy
$$

Wir berechnen $\iint_R x^2\,dx\,dy$, indem wir zuerst über den Teil von R integrieren, der im ersten Quadranten liegt. Wir erhalten:

$$\iint_{\substack{R\\ x\geqslant 0\\ y\geqslant 0}} x^2\,dx\,dy = 4\iint_{\substack{R\\ x\geqslant 0\\ y\geqslant 0}} x^2\,dx\,dy = 4\left[\iint_{\substack{x^2+4y^2\leqslant a^2\\ x\geqslant 0\\ y\geqslant 0}} x^2\,dx\,dy - \iint_{\substack{4(x^2+y^2)\leqslant a^2\\ x\geqslant 0\\ y\geqslant 0}} x^2\,dx\,dy\right] = 4(A-B)$$

$$B = \iint_{\substack{4(x^2+y^2)\leqslant a^2\\ x\geqslant 0\\ y\geqslant 0}} x^2\,dx\,dy \;=\; \int_0^{\frac{a}{2}} x^2\,dx \int_0^{\sqrt{\frac{a^2}{4}-x^2}} dy \;=\; \int_0^{\frac{a}{2}} x^2\sqrt{\frac{a^2}{4}-x^2}\,dx$$

Wir setzen:

$$x = \frac{a}{2}\sin\theta \qquad 0\leqslant\theta\leqslant\frac{\pi}{2}$$

$$dx = \frac{a}{2}\cos\theta\,d\theta$$

$$B = \int_0^{\frac{\pi}{2}} \frac{a^2}{4}\sin^2\theta\,\frac{a}{2}\cos\theta\,\frac{a}{2}\cos\theta\,d\theta$$

$$= \int_0^{\frac{\pi}{2}} \frac{a^4}{64}\sin^2 2\theta\,d\theta$$

$$= \int_0^{\frac{\pi}{2}} \frac{a^4}{64}\,\frac{1-\cos 4\theta}{2}\,d\theta = \frac{\pi a^4}{256}$$

$$A = \iint_{\substack{x^2+4y^2\leqslant a^2\\ x\geqslant 0\\ y\geqslant 0}} x^2\,dx\,dy \;=\; \int_0^a x^2\,dx \int_0^{\frac{\sqrt{a^2-x^2}}{4}} dy \;=\; \int_0^a \frac{1}{2}x^2\sqrt{a^2-x^2}\,dx = 8B$$

Das Integral reduziert sich auf:

$$\int_0^{\frac{\pi}{2}} \frac{a^2}{2} \sin^2\theta \cos^2\theta \, d\theta$$

$$A = \frac{\pi a^4}{32}$$

Daraus folgt

$$\sigma^2(X) = \frac{4}{\pi a^2} \cdot 4(A-B) = 7 \cdot \frac{16B}{\pi a^2} = 7 \cdot \frac{16}{\pi a^2} \cdot \frac{\pi a^4}{256} = \frac{7a^2}{16}$$

$$\boxed{\sigma^2(X) = \frac{7a^2}{16}}$$

Berechnung von $\sigma^2(Y)$. Hier ist es günstig, wenn man die Definition bezüglich f_2 verwendet, d.h.

$$\sigma^2(Y) = \int_{-\frac{a}{2}}^{\frac{a}{2}} [y - E(Y)]^2 f_2(y) \, dy$$

$$= \int_{-\frac{a}{2}}^{\frac{a}{2}} y^2 \frac{4}{\pi a^2} \sqrt{a^2 - 4y^2} \, dy = \frac{8}{\pi a^2} \int_0^{\frac{a}{2}} y^2 \sqrt{a^2 - 4y^2} \, dy = \frac{16}{\pi a^2} 2B = \frac{a^2}{8}$$

$$\boxed{\sigma^2(Y) = \frac{a^2}{8}}$$

4. $\rho = \dfrac{\mu_{1,1}}{\sigma(X)\,\sigma(Y)}$; wir berechnen $\mu_{1,1}$:

$$\mu_{1,1} = \int\int_{-\infty}^{+\infty} x\,y\,f(x,y) \, dx \, dy = 0 \text{ aus Symmetriegründen.}$$

Also gilt $\rho = 0$.

5. $\rho = 0$ ist keine hinreichende Bedingung dafür, daß zwei Variable unabhängig sind, sondern nur eine notwendige Bedingung. Wir zeigen hier, daß X und Y nicht unabhängig sind. Tatsächlich haben wir zum Beispiel:

$$W\left(y \geqslant \frac{a}{4} \cap x \geqslant \frac{a\sqrt{3}}{2}\right) = 0$$

Ein derartiges Ereignis ist nämlich unmöglich, da es außerhalb von R fällt. Es gilt aber

$$W\left(y \geqslant \frac{a}{4}\right) \neq 0 \text{ und ebenso } W\left(\geqslant \frac{a\sqrt{3}}{2}\right) \neq 0$$

Es liegt also keine Unabhängigkeit vor.

7 Vaupuois

4. Wichtige Wahrscheinlichkeitsverteilungen

4.1. Die Binomialverteilung

4.1.1. Herkunft

Die wichtigsten Wahrscheinlichkeitsverteilungen für diskrete Zufallsvariable stammen von einigen charakteristischen Versuchen. Eine einfache und bequeme Darstellung dieser Versuche erhält man mit Hilfe von Urnen, die Kugeln verschiedener Farbe enthalten. Eine ziemlich große Zahl von „akademischen" Problemen wird so in der Form von Urnenproblemen dargestellt. Es stehe etwa eine gewisse Anzahl beliebiger Urnen zur Verfügung. Jede davon enthalte Kugeln von verschiedener Farbe. Man wählt nun unter diesen Urnen nach einem gewissen Verfahren eine aus und zieht nach einem anderen Verfahren aus der gewählten Urne eine Kugel. Diesen Prozeß kann man solange wiederholen, wie vorgegeben ist, oder solange, bis eine gewisse Bedingung erfüllt ist. Der Versuch kann mit Zurücklegen der Kugeln oder ohne Zurücklegen erfolgen. Was man dadurch erhält, ist eine Auskunft über das „Aussehen" der Zufallsvariablen, die einem zur Verfügung stehen. Zahlreiche in der Darstellung verschiedene Probleme lassen sich so auf eine geringe Zahl von Grundproblemen zurückführen. Wir wollen nicht den gesamten Vorrat an Zufallsvariablen vorführen, die durch Urnenprobleme nahegelegt werden. Wir beschränken uns vielmehr auf solche Versuche, die auf Zufallsvariable führen, deren Wahrscheinlichkeitsverteilungen klassisch sind, und die zu den elementarsten Kenntnissen über Wahrscheinlichkeitsrechnung gehören.

Wir beginnen die Beschreibung von Urnenexperimenten mit dem folgenden Versuch. Es soll eine einzige Urne vorliegen, die zwei Kugeltypen enthält, zum Beispiel schwarze und weiße Kugeln. In dieser Urne ist das Verhältnis der weißen Kugeln zur Gesamtanzahl gleich p, das der schwarzen Kugeln gleich $q := 1 - p$. Nach jedem Ziehen einer Kugel wird diese wieder in die Urne zurückgelegt. Für jeden „zufälligen" Zug gilt:

$$W(B) = p$$

$$W(N) = q \quad \text{mit} \quad p + q = 1.$$

Dabei bedeutet B das Ereignis „es wird eine weiße Kugel gezogen" und N das Ereignis „es wird eine schwarze Kugel gezogen".

In einer Folge von Ziehungen sind daher die aufeinander folgenden Ereignisse B und N unabhängig. Die Zahl der Ziehungen wird von vornherein mit n festgelegt. Die Zufallsvariable, für die man sich interessiert, ist die Anzahl der bei n Ziehungen vorgefundenen weißen Kugeln (bei jeweiligem Zurücklegen der gezogenen Kugel). Die Reihenfolge des Vorkommens spielt keine Rolle. Durch X_n werde diese Variable bezeichnet. Der Menge der positiven ganzen Zahlen entspricht somit eine Familie von Zufallsvariablen $X_1, X_2, \ldots, X_n, \ldots$ Diese Variablen heißen „binomialverteilt".

4.1.2. Darstellung der Binomialverteilung

Abstrakt gesprochen handle es sich um einen Versuch E, dessen Ergebnis entweder das Ereignis A mit der konstanten Wahrscheinlichkeit p oder das entgegengesetzte Ereignis $\bar{A}$ mit der Wahrscheinlichkeit $q = 1 - p$ sein kann.

Jeder positiven ganzen Zahl n wird ein Versuch $E^{(n)}$ zugeordnet, der in n Wiederholungen des Versuchs E besteht. Gefragt ist die Zufallsvariable X_n, die angibt, wie oft im Verlaufe von $E^{(n)}$ das Ereignis $\bar{A}$ eintritt. Die Menge der möglichen Werte für X_n ist $\{0, 1, 2, \ldots, n\}$.

Es handelt sich also um eine diskrete Zufallsvariable mit einem endlichen Wertebereich von $n + 1$ Elementen. Die Wahrscheinlichkeitsverteilung legt man am einfachsten durch Angabe der Werte von

$$W(X_n = k) \text{ für } 0 \leqslant k \leqslant n$$

fest. Das Ereignis $X_n = k$ tritt ein, wenn k-mal das Ereignis A und damit $(n - k)$-mal das Ereignis $\bar{A}$ eingetreten ist. Die aufeinander folgenden Ereignisse A und $\bar{A}$ sind unabhängig. Für irgendeine gegebene Reihenfolge von A und $\bar{A}$ ist die Wahrscheinlichkeit dafür, k-mal A und $(n - k)$-mal $\bar{A}$ zu sehen, gegeben durch $p^k q^{n-k}$.

Die Anzahl der möglichen Anordnungen ist gleich der Anzahl der Permutationen von n Objekten, von denen k identisch gleich A und $n - k$ identisch mit $\bar{A}$ sind, d.h.

$$\frac{n!}{k!\,(n-k)!} = C_n^k$$

Daraus folgt

$$W(X_n = k) = \frac{n!}{k!\,(n-k)!}\, p^k q^{n-k} \text{ für } 0 \leqslant k \leqslant n \tag{4.1}$$

Zur kürzeren Schreibweise setzt man oft

$$P_{n,k} := W(X_n = k)$$

Offensichtlich gilt $\sum\limits_{k=0}^{n} P_{n,k} = 1$, da

$$\sum_{k=0}^{n} P_{n,k} = \sum_{k=0}^{n} C_n^k\, p^k q^{n-k} = (p + q)^n = 1$$

Da $P_{n,k}$ gleich dem Koeffizienten des Terms p^k in der Entwicklung von $(p + q)^n$ ist, heißt die so festgelegte Verteilung „Binomialverteilung".

Die Binomialverteilung ist also die Wahrscheinlichkeitsverteilung einer endlichen diskreten Zufallsvariablen, welche die $n + 1$ Werte $(0, 1, 2, \ldots, n)$ mit der Wahrscheinlichkeit $P_{n,k}$ annimmt. Sie hängt von den Parametern n und p ab.

4.1.3. Bernoulli-Variable

Wir bezeichnen durch E_i die i-te Wiederholung eines Versuches E. Mit jedem i $(1 \leqslant i \leqslant n)$ verbinden wir eine Zufallsvariable Y_i, die auf die folgende Art definiert sei:

$$Y_i = \begin{cases} 1 \text{ mit } W(Y_i = 1) = p, \text{ wenn das Ergebnis A ist} \\ 0 \text{ mit } W(Y_i = 0) = q, \text{ wenn das Ergebnis } \bar{A} \text{ ist.} \end{cases}$$

Eine derartige Variable, die nur die Werte 0 und 1 annehmen kann, und zwar mit den Wahrscheinlichkeiten p und q: $= 1 - p$, heißt *Bernoulli-Variable.*

Die Variablen Y_i haben alle dieselbe Verteilung (man sagt daher, sie seien gleich). Außerdem sind sie unabhängig.

Wir berechnen den Mittelwert und die Streuung von Y_i:

$$E(Y_i) = \Sigma\, p_j y_j = p \cdot 1 + q \cdot 0 = p$$

$$\boxed{E(Y_i) = p} \tag{4.2}$$

$$\sigma^2(Y_i) = E(Y_i - E(Y_i))^2 = \mu_2'(Y_i) - E(Y_i)^2$$

$$\mu_2'(Y_i) = \Sigma\, y_j^2 p_j = 1 \cdot p + 0 \cdot q = p$$

Daraus folgt

$$\sigma^2(Y_i) = p - p^2 = p(1 - p)$$

$$\boxed{\sigma^2(Y_i) = pq} \tag{4.3}$$

4.1.4. Momente der Binomialverteilung

Wir beschränken uns auf den Erwartungswert und die Streuung:

$$E(X_n) = \sum_{k=0}^{n} k \cdot C_n^k p^k q^{n-k}$$

Man könnte die Berechnung direkt durchführen. Eine einfachere Methode zur Berechnung von $E(X_n)$ ergibt sich jedoch durch die Beziehung

$$X_n = \sum_{i=1}^{n} Y_i$$

wobei die Y_i Bernoulli-Variable sind. Auf diesen Ausdruck wendet man nun das Theorem über Mittelwerte an und erhält (3.8.1):

$$E(X_n) = \sum_{i=1}^{n} E(Y_i) = n \cdot E(Y_i)$$

$$\boxed{E(X_n) = np} \qquad (4.4)$$

Wegen der Unabhängigkeit der Y_i schließt man nach 3.8.6 auf

$$\sigma^2(X_n) = \sum_{i=1}^{n} \sigma^2(Y_i) = n\sigma^2(Y_i)$$

$$\boxed{\sigma^2(X_n) = npq} \qquad \boxed{\sigma(X_n) = \sqrt{npq}} \qquad (4.5)$$

4.2. Die Pascalsche Verteilung

Diese Verteilung heißt auch „geometrische" Verteilung.

4.2.1. Herkunft

Es handle sich wieder um das früher beschriebene Urnenproblem mit einer Urne, in der sich weiße Kugeln im Verhältnis p und schwarze Kugeln im Verhältnis $q := 1 - p$ befinden. Eine Kugel wird gezogen und wieder in die Urne zurückgelegt. Wurde eine schwarze Kugel gezogen, so wird der Versuch fortgesetzt. Er endet, sobald eine weiße Kugel gezogen wird.

Die Zufallsvariable, für die man sich interessiert, ist die Anzahl der Ziehungen, die zum Erhalt einer weißen Kugel nötig waren.

4.2.2. Darstellung der Pascalschen Verteilung

Es sei E wie früher ein Versuch, dessen Ergebnis mit der Wahrscheinlichkeit p das Ereignis A und mit der Wahrscheinlichkeit q das Ereignis $\bar{A}$ ist. Mit E^* werde der Versuch bezeichnet, der darin besteht, daß man E bis zum Erscheinen des Ereignisses A wiederholt. Die mit E^* verbundene Zufallsvariable X gebe die Anzahl der Versuche E an, die notwendig waren.

Die Menge der möglichen Werte für X ist $\{1, 2, \ldots, n, \ldots\}$.

Es handelt sich also um eine diskrete Variable mit der Menge der positiven ganzen Zahlen als unendlichem Wertebereich. Die Wahrscheinlichkeitsverteilung für X wird festgelegt durch Angabe von

$$W(X = n) \quad \text{für} \quad n = 1, 2, \ldots$$

d.h. also durch Angabe einer Funktion von n.

Zur Realisierung des Ereignisses X = n müssen die ersten n − 1 Durchführungen von *E* jeweils das Ergebnis $\bar{A}$ geliefert haben, während sich beim n-ten Mal A ergeben muß. Daraus folgt

$$\boxed{W(X = n) = q^{n-1} p} \tag{4.6}$$

$$\sum_{n=1}^{\infty} q^{n-1} p = 1$$

Es handelt sich dabei um die mit p multiplizierte geometrische Reihe in q = 1 − p mit der Summe

$$S = \frac{p}{1 - q} = 1$$

Bemerkung. Dieses Ergebnis ist bereits einmal als Spezialfall aufgetreten, nämlich bei der Wahrscheinlichkeitsverteilung für die Zufallsvariable X_B aus Übung 1 in Paragraph 2.2.

4.2.3. Momente der Pascalschen Verteilung

Auch hier beschränken wir uns auf den Erwartungswert und die Varianz.

$$E(X) = \sum_{n=1}^{\infty} n \cdot p \cdot q^{n-1}$$

Zur Erleichterung der Rechnung führen wir die Reihe

$$u(x) := \sum_{n=1}^{\infty} n \cdot x^{n-1} \quad \text{für} \quad 0 < x < 1$$

ein. Die Reihe $v(x) := \sum_{n=1}^{\infty} x^n$ hat dann u(x) als Ableitung:

$$u(x) = v'(x).$$

Wegen $v(x) = 1/1 - x$ gilt $u(x) = 1/(1 - x)^2$. Mit $x = q$ folgt

$$E(X) = \frac{p}{(1 - q)^2}$$

$$\boxed{E(X) = \frac{1}{p}}$$

(4.7)

Das Moment zweiter Ordnung bezüglich des Ursprungs lautet

$$\mu_2'(X) = \sum_{n=1}^{\infty} n^2 p \cdot q^{n-1} = p \cdot q \cdot \sum_{n=1}^{\infty} n^2 q^{n-2}$$

Mit

$$v(x) := \frac{1}{1 - x} \; ; \quad v'(x) = \frac{1}{(1 - x)^2} \; ; \quad v''(x) = \frac{2}{(1 - x)^3}$$

erhält man

$$\frac{2}{(1 - x)^3} = \sum_{n=1}^{\infty} n(n - 1) x^{n-2}$$

und

$$\sum_{n=1}^{\infty} n^2 x^{n-2} = \frac{2}{(1 - x)^3} + \sum_{n=1}^{\infty} n x^{n-2}$$

$$= \frac{2}{(1 - x)^3} + \frac{1}{x} \sum_{n=1}^{\infty} n x^{n-1} = \frac{2}{(1 - x)^3} + \frac{1}{x(1 - x)^2}$$

Mit $x = q$ ergibt sich

$$\mu_2'(X) = \frac{1 + q}{p^2}$$

und wegen

$$\sigma^2(X) = \mu_2'(X) - [E(X)]^2$$

schließlich

$$\boxed{\sigma^2(X) = \frac{q}{p^2}} \quad \boxed{\sigma(X) = \frac{\sqrt{q}}{p}}$$

(4.8)

4.3. Die Poisson-Verteilung

4.3.1. Definition

Es handle sich um eine diskrete Zufallsvariable X mit der Menge der ganzen Zahlen $\geqslant 0$ (0, 1, 2, . . .) als Wertebereich. Diese Variable gehorcht der *Poisson-Verteilung*, wenn

$$\boxed{W(X = n) = \frac{\mu^n \cdot e^{-\mu}}{n!}} \qquad (4.9)$$

wobei μ ein positiver Parameter ist.

Man verifiziert leicht, daß $W(X = n)$ eine Wahrscheinlichkeitsverteilung ist. In der Tat gilt

$$\sum_{n=0}^{\infty} \frac{\mu^n \cdot e^{-\mu}}{n!} = e^{-\mu} \sum_{n=0}^{\infty} \frac{\mu^n}{n!} = 1$$

4.3.2. Momente der Poisson-Verteilung

Wir berechnen den Erwartungswert

$$E(X) = \sum_{n=0}^{\infty} n \frac{\mu^n e^{-\mu}}{n!} = e^{-\mu} \sum_{n=1}^{\infty} \frac{\mu \mu^{n-1}}{(n-1)!} = \mu e^{-\mu} \sum_{k=0}^{\infty} \frac{\mu^k}{k!}$$

$$\boxed{E(X) = \mu} \qquad (4.10)$$

Für die Streuung findet man:

$$\sigma^2(X) = \mu_2'(X) - \mu^2$$

$$\mu_2'(X) = \sum_{n=0}^{\infty} n^2 \frac{\mu^n e^{-\mu}}{n!} = e^{-\mu} \sum_{n=1}^{\infty} \frac{n \mu \mu^{n-1}}{(n-1)!}$$

$$= e^{-\mu} \mu \left\{ \sum_{n=1}^{\infty} \frac{(n-1) \mu^{n-1}}{(n-1)!} + \sum_{n=1}^{\infty} \frac{\mu^{n-1}}{(n-1)!} \right\}$$

$$= e^{-\mu} \mu \left\{ \sum_{n=2}^{\infty} \frac{\mu \mu^{n-2}}{(n-2)!} + \sum_{n=1}^{\infty} \frac{\mu^{n-1}}{(n-1)!} \right\}$$

$$= e^{-\mu} \mu \left\{ \mu \sum_{k=0}^{\infty} \frac{\mu^k}{k!} + \sum_{k=0}^{\infty} \frac{\mu^k}{k!} \right\}$$

Daraus folgt $\mu_2'(X) = \mu^2 + \mu$ und daher

$$\boxed{\sigma^2(X) = \mu} \qquad \text{und} \qquad \boxed{\sigma(X) = \sqrt{\mu}} \tag{4.11}$$

4.3.3. Die Stabilität der Poisson-Verteilung

X_1 und X_2 seien zwei unabhängige Zufallsvariable (möglicherweise mit verschiedenen Parametern). Wenn die Summe $X: = X_1 + X_2$ ebenfalls dieselbe Verteilung besitzt, so sagt man, die Verteilung sei stabil. Es folgt daraus, daß die Summe einer beliebigen Zahl von unabhängigen Zufallsvariablen, die alle dieselbe stabile Verteilung haben, ebenfalls dieser Verteilung gehorcht.

Wir wollen zeigen, daß die Poisson-Verteilung stabil ist.

X_1 und X_2 seien zwei unabhängige Poisson-Variable mit den Mittelwerten μ_1 und μ_2.

$$P_1(n): = W(X_1 = n) = \frac{\mu_1^n e^{-\mu_1}}{n!}$$

und

$$P_2(n): = W(X_2 = n) = \frac{\mu_2^n e^{-\mu_2}}{n!}$$

Die Zufallsvariable X sei die Summe aus X_1 und X_2:

$$X: = X_1 + X_2$$
$$W[(X_1 = u) \cap (X_2 = v)] = P_1(u) \cdot P_2(v)$$

da X_1 und X_2 unabhängig sind.

Daraus folgt

$$P(n): = W(X = n) = \sum_{k=0}^{n} P_1(k) \cdot P_2(n-k)$$

$$W(X = n) = e^{-(\mu_1 + \mu_2)} \sum_{k=0}^{n} \frac{\mu_1^k \mu_2^{n-k}}{k!\,(n-k)!}$$

Die Binomialentwicklung von $(\mu_1 + \mu_2)^n$ liefert:

$$(\mu_1 + \mu_2)^n = \sum_{k=0}^{n} \frac{n!}{k!\,(n-k)!}\, \mu_1^k \mu_2^{n-k}$$

Daraus schließt man auf

$$W(X = n) = \frac{e^{-(\mu_1 + \mu_2)} (\mu_1 + \mu_2)^n}{n!}$$

In dem Ergebnis erkennt man eine Poisson-Verteilung mit dem Mittelwert $\mu = \mu_1 + \mu_2$. Rekursiv schließt man, daß die Summe von p unabhängigen Poisson-Variablen (p endlich) wieder eine Poisson-Variable ist.

4.3.4. Der Poisson-Prozeß

Wir stellen uns vor, zum Zeitpunkt t = 0 beginne ein Versuch, der zu irgendeinem Zeitpunkt $t \geqslant 0$ das Ereignis A liefere, und dieses Ereignis sei unendlich oft reproduzierbar. Zum Beispiel könnte man an eine Telefonzentrale denken, in der auf zufällige Art und Weise Telefonanrufe ankommen.

Wir betrachten die Zufallsvariable X, deren Wertebereich die ganzen Zahlen $\geqslant 0$ sind, und die der Anzahl der Ereignisse A im Zeitintervall (0, t) entspricht. Bei einem *Poisson-Prozeß* setzt man die folgenden Hypothesen:

Die Wahrscheinlichkeit dafür, daß ein Ereignis A in einem unendlich kleinen Zeitintervall dt eintritt, ist λdt.

$$P_A(t, t + dt) = \lambda dt$$

λ ist eine Konstante, die unabhängig von t und dt ist, sowie unabhängig von der Anzahl der bis zum Zeitpunkt t eingetretenen Ereignisse A.

Die Wahrscheinlichkeit dafür, daß zwischen t und t + dt kein Ereignis A eintritt, ist $(1 - \lambda dt)$. Auch ist die Wahrscheinlichkeit dafür, daß zwischen t und t + dt mehrere Ereignisse A eintreten, gleich Null.

Wir betrachten das Zeitintervall [0, t] und die Wahrscheinlichkeitsverteilung für die Zufallsvariable X_t.

Mit $P_n(t)$ bezeichnen wir die Wahrscheinlichkeit dafür, daß im Intervall [0, t] $X_t = n$ gilt.

Wir berechnen $P_0(t)$, nämlich die Wahrscheinlichkeit dafür, daß bis zum Zeitpunkt t kein Ereignis A eintritt.

Im allgemeinen bezeichnen wir durch $n \cdot A/(t_1, t_2)$ das Ereignis: „Im Intervall (t_1, t_2) ist das Ereignis A genau n-mal eingetreten".
Dann gilt

$$P_0(t) = W\left[\frac{0 \cdot A}{(0, t)}\right]$$

Ebenso gilt

$$P_0(t + dt) = W\left[\frac{0 \cdot A}{(0, t + dt)}\right]$$

Wir haben aber

$$\left[\frac{0 \cdot A}{(0, t + dt)}\right] = \left[\frac{0 \cdot A}{(0, t)}\right] \cap \left[\frac{0 \cdot A}{(t, t + dt)}\right]$$

Die beiden letzten Ereignisse sind unabhängig. Daraus folgt

$$P_0(t + dt) = P_0(t) \cdot (1 - \lambda dt)$$

$$\frac{P_0(t + dt) - P_0(t)}{dt} + \lambda P_0(t) = 0$$

Für $dt \to 0$ ergibt sich für $P_0(t)$ die Differentialgleichung

$$P_0'(t) + \lambda P_0(t) = 0$$

mit der allgemeinen Lösung

$$\boxed{P_0(t) = C_0 e^{-\lambda t}}$$

worin C_0 eine willkürliche Konstante bedeutet.

Zum Anfangszeitpunkt ist $\dfrac{0 \cdot A}{(0, 0)}$ das sichere Ereignis. $P_0(0)$ ist also 1. Die gesuchte Lösung ergibt sich daher für $C_0 = 1$. Daraus folgt

$$\boxed{P_0(t) = e^{-\lambda t}} \tag{4.12}$$

Wir berechnen nun $P_n(t)$.

$$P_n(t) = W\left[\frac{n \cdot A}{(0, t)}\right]$$

Ebenso gilt

$$P_n(t + dt) = W\left[\frac{n \cdot A}{(0, t + dt)}\right]$$

Das Ereignis $\dfrac{n \cdot A}{(0, t + dt)}$ ist aber äquivalent zu:

$$\left(\frac{n \cdot A}{(0, t)} \cap \frac{0 \cdot A}{(t, t + dt)}\right) \cup \left(\frac{(n - 1) \cdot A}{(0, t)} \cap \frac{1 \cdot A}{(t, t + dt)}\right)$$

Die beiden ersten Ereignisse sind unabhängig, ebenso die beiden letzten. Außerdem ist der Durchschnitt der beiden ersten Ereignisse unverträglich mit dem Durchschnitt der beiden letzten. Daraus folgt

$$W\left[\frac{n \cdot A}{(0,\, t + dt)}\right] = W\left[\frac{n \cdot A}{(0,\, t)}\right] \cdot W\left[\frac{0 \cdot A}{(t,\, t + dt)}\right] + W\left[\frac{(n-1) \cdot A}{(0,\, t)}\right] \cdot W\left[\frac{1 \cdot A}{(t,\, t + dt)}\right]$$

und somit

$$P_n(t + dt) = P_n(t)\,(1 - \lambda dt) + P_{n-1}(t)\,\lambda dt$$

$$\frac{P_n(t + dt) - P_n(t)}{dt} + \lambda P_n(t) = \lambda P_{n-1}(t)$$

Also gilt

$$P_n' + \lambda P_n = \lambda P_{n-1}$$

Die Lösung der homogenen Gleichung

$$P_n' + \lambda P_n = 0$$

lautet

$$\boxed{P_n(t) = C_n e^{-\lambda t}}$$

Die Lösung der inhomogenen Gleichung erhält man daraus durch Variation der Konstanten. Das führt auf die Differentialgleichung

$$C_n'(t)\, e^{-\lambda t} = \lambda P_{n-1}(t)$$
$$C_n' = \lambda e^{\lambda t} P_{n-1}$$

Daraus folgt

$$C_1' = \lambda \qquad C_1 = \lambda t + K_1$$
$$P_1(t) = \lambda t\, e^{-\lambda t} + K_1\, e^{-\lambda t}$$

Wegen $P_1(0) = K_1 = 0$ haben wir

$$\boxed{P_1(t) = \lambda t\, e^{-\lambda t}}$$

Daraus schließt man auf

$$C_2' = \lambda^2 t \qquad C_2 = \frac{\lambda^2 t^2}{2} + K_2$$

Aus demselben Grund gilt $K_2 = 0$ und

$$P_2(t) = \frac{\lambda^2 t^2}{2}\, e^{-\lambda t}$$

Im allgemeinen findet man

$$\boxed{P_n(t) = \frac{(\lambda t)^n}{n!}\, e^{-\lambda t}}$$

$$(4.13)$$

Darin erkennt man eine Poisson-Verteilung mit dem Mittelwert λt.

4.4. Übungen

Übung 1. In einem Supermarkt verkauft man Orangen in Säcken zu je drei Stück. Man ziehe zufällig einen Sack heraus und betrachte die Zufallsvariable K: „Anzahl der verdorbenen Orangen in dem Sack". Gegeben ist

$$W(K = 0){:} = \frac{15}{20}; \quad W(K = 1){:} = \frac{1}{10}; \quad W(K = 2){:} = \frac{1}{10}; \quad W(K = 3){:} = \frac{1}{20}$$

Welchen Erwartungswert besitzt K? Besitzt K eine Binomialverteilung?

Lösung

$$E(K) = 0 \cdot \frac{15}{20} + 1 \cdot \frac{1}{10} + 2 \cdot \frac{1}{10} + 3 \cdot \frac{1}{20} = \frac{9}{20}$$

Wenn K eine Binomialverteilung hat, dann muß gelten:

$$p = \sqrt[3]{\frac{15}{20}} \qquad q = \sqrt[3]{\frac{1}{20}}$$

Es ist schwer nachzuprüfen, ob $p + q = 1$. Man sieht jedoch leicht, daß $p \neq q$. Wir müßten haben

$$\begin{aligned} W(K = 1) &= C_3^1 p q^2 \quad \text{und} \quad W(K = 2) = C_3^2 p^2 q \\ &= 3 p q^2 \qquad\qquad\qquad\quad = 3 p^2 q \end{aligned}$$

Laut Angabe gilt:

$$W(K = 1) = W(K = 2) = \frac{1}{10}$$

Daraus folgt $3pq^2 = 3p^2 q$ und somit $p = q$ im Widerspruch zum vorhergehenden Ergebnis.

K besitzt also keine Binomialverteilung. Intuitiv ist dieses Ergebnis klar, die Orangen werden nicht unabhängig gewählt. Eine verdorbene Orange verdirbt die anderen.

Übung 2. Bei einem Lotteriespiel hat man eine Chance von 1 zu 10 auf einen Gewinn. Man nimmt sich vor, n-mal in n unabhängigen Spielen zu spielen. Wie muß man n wählen, damit die Wahrscheinlichkeit dafür, daß man mindestens einmal gewinnt, größer als eine im Voraus festgelegte Zahl α $(0 \leqslant \alpha \leqslant 1)$ wird. Wenn n die kleinste Zahl ist, die dieser Bedingung genügt, so ist die Anzahl der gewinnenden Sätze eine Zufallsvariable. Welche Verteilung besitzt diese? Man zeige, daß ihr Mittelwert und ihre Varianz größer oder gleich gewissen Werten sind, die sich als Funktionen von α ausdrücken lassen.

Lösung. In dem elementaren Versuch ist uns gegeben p: = 0,1 und q: = 0,9. Das Ereignis: „Mindestens einmal gewinnen bei n Partien" ist das zu „alle n Partien verlieren" entgegengesetzte Ereignis.

W[alle n Partien verlieren] $= (0{,}9)^n$
Also gilt

$$1 - (0{,}9)^n \geqslant \alpha$$
$$(0{,}9)^n < 1 - \alpha$$

$$\boxed{\; n \geqslant \frac{\log (1 - \alpha)}{\log (0{,}9)} \;}$$

n ist die kleinste ganze Zahl, die dieser Ungleichung genügt.

Es sei X_n die Zufallsvariable, deren Werte die Anzahl der gewinnenden Sätze sind. X_n hat eine Binomialverteilung.

$$E(X_n) = np \geqslant \frac{\log (1 - \alpha)}{10 \log (0{,}9)}$$

$$\sigma^2 (X_n) = npq \geqslant \frac{9 \log (1 - \alpha)}{100 \log (0{,}9)}$$

Übung 3. Wir nehmen an, ein Experiment bestehe aus m + n unabhängigen Versuchen. Die Wahrscheinlichkeit für ein Gelingen der einzelnen Versuche sei p. Wir setzen q: = 1 − p.

1. Für k = 0, 1, . . . , n bestimme man die bedingte Wahrscheinlichkeit dafür, daß genau m + k Versuche geglückt sind, wenn man weiß, daß die m ersten Versuche alle gelungen sind.

2. Wie groß ist die bedingte Wahrscheinlichkeit dafür, daß genau m + k Versuche gelungen sind, wenn man weiß, daß mindestens m Versuche erfolgreich waren?

Lösung

1. Die m ersten Versuche sind geglückt. Unter n unabhängigen weiteren Versuchen müssen also k Versuche gelingen:

$$W(m + k/m) = P_{n,k} = C_n^k p^k q^{n-k}$$

2. $W\,[(m + k\ \text{Erfolge})/(\text{mindestens } m\ \text{Erfolge})] =$

$$\frac{W\,[(m + k\ \text{Erfolge}) \cap (\text{mindestens } m\ \text{Erfolge})]}{W\,[\text{mindestens } m\ \text{Erfolge}]}$$

Es gilt jedoch $[(m + k\ \text{Erfolge}) \cap (\text{mindestens } m\ \text{Erfolge})] = (m + k\ \text{Erfolge})$, da $(m + k\ \text{Erfolge}) \subset (\text{mindestens } m\ \text{Erfolge})$, und wir haben

$$W\,(m + k\ \text{Erfolge}) = C_{m+n}^{m+k} p^{m+k} q^{n-k} = C_{m+n}^{m+k} \left(\frac{p}{q}\right)^k p^m q^n$$

$$W\,(\text{mindestens } m\ \text{Erfolge}) = \sum_{j=0}^{n} C_{m+n}^{m+j} p^{m+j} q^{n-j}$$

$$= p^m q^n \sum_{j=0}^{n} C_{m+n}^{m+j} \left(\frac{p}{q}\right)^j$$

Daraus folgt

$$W\,[(m + k\ \text{Erfolge})/(\text{mindestens } m\ \text{Erfolge})] = \frac{C_{m+n}^{m+k} \left(\frac{p}{q}\right)^k}{\sum_{j=0}^{n} C_{m+n}^{m+j} \left(\frac{p}{q}\right)^j}$$

Übung 4. Ein Impfstoff enthält im Mittel m Mikroben pro Kubikzentimeter. Aus einer Tube von V Kubikzentimeter Impfstoff werden v Kubikzentimeter entnommen. Die Wahrscheinlichkeit dafür, daß sich eine Mikrobe in der Probe befindet, sei $p: = v/V$. Wie groß ist die Wahrscheinlichkeit $P(k)$, daß die Probe genau k Mikroben enthält?

Lösung

$$P(k) = C_{mV}^k \left(\frac{v}{V}\right)^k \left(1 - \frac{v}{V}\right)^{mV-k}$$

Übung 5. Es werde angenommen, daß in einer gewöhnlichen Telefonzentrale die Anzahl der zwischen 0 und t ankommenden Anrufe eine Poisson-Verteilung mit dem Mittelwert λt besitze. Man betrachte die Zufallsvariable T_n: „Die Zeit, die bis zum n-ten Anruf vergeht". Man zeige, daß sich die Verteilungsfunktion von T_n leicht mit Hilfe der Verteilungsfunktion der Poisson-Verteilung ausdrücken läßt.

Lösung. Durch $F_{\lambda t}(n)$ bezeichnen wir die Verteilungsfunktion der Poisson-Verteilung mit dem Mittelwert λt.

$$F_{\lambda t}(n) = e^{-\lambda t} \sum_{k=0}^{n-1} \frac{(\lambda t)^k}{k!}$$

Diese Größe stellt die Wahrscheinlichkeit dafür dar, daß im Zeitabschnitt $(0, t)$ mindestens n Telefonanrufe ankommen. Also gilt

$$F_{\lambda t}(n) = W(T_n > t)$$

Es sei $G_n(t)$ die Verteilungsfunktion der absolut stetigen Zufallsvariablen T_n:

$$G_n(t) = 1 - F_{\lambda t}(n)$$

$$G_n(t) = 1 - e^{-\lambda t} \sum_{k=0}^{n-1} \frac{(\lambda t)^k}{k!}$$

4.5. Die Laplace-Gauß-Verteilung

4.5.1. Definition

X sei eine absolut stetige Zufallsvariable. Man sagt, X gehorche der *Laplace-Gauß-Verteilung*, auch *„Normalverteilung"* genannt, wenn ihre Wahrscheinlichkeitsdichte gegeben ist durch

$$f(x) = \frac{1}{\sigma \sqrt{2\pi}} \exp\left(-\frac{(x-\mu)^2}{2\,\sigma^2}\right) \tag{4.14}$$

wobei μ und σ Parameter sind.

Wir verifizieren, daß $f(x)$ eine Wahrscheinlichkeitsdichte ist, d.h. daß $f(x) \geqslant 0$ und daß

$$I = \frac{1}{\sigma \sqrt{2\pi}} \int_{-\infty}^{+\infty} \exp\left(-\frac{(x-\mu)^2}{2\,\sigma^2}\right) dx = 1$$

Nach einer Variablentransformation $u = x - \mu$ gilt

$$I = \frac{1}{\sqrt{2\pi}} \int_{-\infty}^{+\infty} e^{-u^2/2}\, du$$

oder

$$I = 2 \cdot \frac{1}{\sqrt{2\pi}} \int_0^\infty e^{-u^2/2}\, du$$

Außerdem gilt

$$Er(x) \overset{def}{=} \frac{1}{\sqrt{2\pi}} \int_0^x e^{-u^2/2}\, du\,^{[1]}$$

und man kann zeigen, daß

$$Er(+\infty) = 1/2,$$

woraus $I = 1$ folgt. $f(x)$ ist symmetrisch bezüglich der Geraden $x = \mu$.

4.5.2. Momente

Wir berechnen den Erwartungswert und die Streuung.

$$E(X) = \frac{1}{\sigma\sqrt{2\pi}} \int_{-\infty}^{+\infty} x \exp\left(-\frac{(x-\mu)^2}{2\sigma^2}\right) dx$$

Mit $t: = \dfrac{x-\mu}{\sigma}$ erhält man

$$E(x) = \frac{1}{\sqrt{2\pi}} \int_{-\infty}^{+\infty} (t\sigma + \mu) \exp\left(-\frac{t^2}{2}\right) dt$$

$$\boxed{E(X) = \mu} \tag{4.15}$$

Der Parameter μ ist also der Mittelwert. Für die Varianz findet man

$$\mu_2(X) = \frac{1}{\sigma\sqrt{2\pi}} \int_{-\infty}^{+\infty} (x-\mu) \exp\left(-\frac{(x-\mu)^2}{2\sigma^2}\right) dx$$

---

[1] Die Definition und eine Untersuchung der Funktion $Er(x)$ findet sich in dem Band „Unendliche Reihen" (S. 172) von *J. Kuntzmann* in „Mathematische Hilfsmittel der Physik und Chemie" in der Reihe Wissenschaftliche Taschenbücher (WTB) Vieweg, Braunschweig 1971

Wir setzen wieder $t := \dfrac{x - \mu}{\sigma}$

$$\mu_2(X) = \frac{\sigma^2}{\sqrt{2\pi}} \int\limits_{-\infty}^{+\infty} t^2 \exp\left(-\frac{t^2}{2}\right) dt$$

Partielle Integration liefert:

$$\mu_2(X) = \frac{\sigma^2}{\sqrt{2\pi}} \int\limits_{-\infty}^{+\infty} \exp\left(-\frac{t^2}{2}\right) dt$$

und dies führt auf

$$\boxed{\mu_2(X) = \sigma^2} \qquad \boxed{\sigma(X) = \sigma} \tag{4.16}$$

Der Parameter σ ist also die Streuung.

Die Variable $U = \dfrac{x - \mu}{\sigma}$ nennt man eine $(0,1)$-normalverteilte Zufallsvariable, da ihr Mittelwert 0 und ihre Streuung 1 ist. Ihre Dichte lautet:

$$\boxed{f(u) = \frac{1}{\sqrt{2\pi}} \exp\left(-\frac{u^2}{2}\right)} \tag{4.17}$$

Das Schaubild dieser Funktion wird oft als Gaußsche „Glockenkurve" bezeichnet (Bild 4.1).

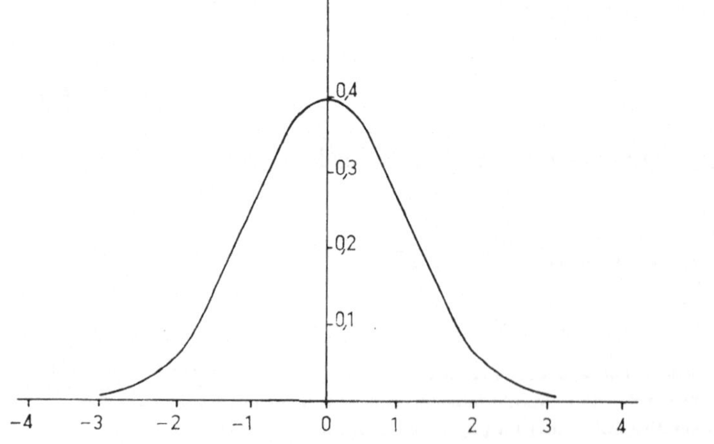

Bild 4.1

4.5.3. Die Stabilität der Normalverteilung

Man hat zu zeigen, daß die Summe von unabhängigen normalverteilten Zufallsvariablen wieder eine normalverteilte Zufallsvariable ist.

X_1 besitze die Dichte

$$f_1(x) = \frac{1}{\sigma_1 \sqrt{2\pi}} \, \exp\left(-\frac{(x-\mu_1)^2}{2\,\sigma_1^2}\right)$$

und X_2 die Dichte

$$f_2(x) = \frac{1}{\sigma_2 \sqrt{2\pi}} \, \exp\left(-\frac{(x-\mu_2)^2}{2\,\sigma_2^2}\right)$$

Wenn X_1 und X_2 unabhängig sind, so hat $Z = X_1 + X_2$ die Dichte

$$f(z) = \frac{1}{2\pi\sigma_1\sigma_2} \int_{-\infty}^{+\infty} \exp\left(-\frac{(x-\mu_1)^2}{2\,\sigma_1^2}\right) \exp\left(-\frac{(z-x-\mu_2)^2}{2\,\sigma_2^2}\right) dx$$

$$= \frac{1}{2\pi\sigma_1\sigma_2} \int_{-\infty}^{+\infty} e^{-\frac{1}{2}Q} \, dx$$

mit

$$Q = \frac{(x-\mu_1)^2}{\sigma_1^2} + \frac{(z-x-\mu_2)^2}{\sigma_2^2}$$

was auch in der Form

$$Q = \frac{\sigma_1^2 + \sigma_2^2}{\sigma_1^2 \sigma_2^2} \left[x - \frac{\sigma_2^2\mu_1 + \sigma_1^2(z-\mu_2)}{\sigma_1^2 + \sigma_2^2}\right]^2 + \frac{(z-\mu_1-\mu_2)^2}{\sigma_1^2 + \sigma_2^2}$$

geschrieben werden kann. Setzt man

$$\mu = \mu_1 + \mu_2 \qquad \sigma^2 = \sigma_1^2 + \sigma_2^2$$

und

$$u = \frac{\sigma}{\sigma_1\sigma_2} \left[x - \frac{\sigma_2^2\mu_1 + \sigma_1^2(z-\mu_2)}{\sigma_2}\right]^2$$

dann gilt

$$f(z) = \frac{1}{2\pi\sigma} \exp\left(-\frac{(z-\mu)^2}{\sigma}\right) \int_{-\infty}^{+\infty} \exp\left(-\frac{u^2}{2}\right) du$$

$$f(z) = \frac{1}{\sigma\sqrt{2\pi}} \, \exp\left(-\frac{(z-\mu)^2}{2\,\sigma^2}\right)$$

Wie zu erwarten war, sind der Mittelwert und die Varianz von Z gleich der Summe der Mittelwerte bzw. der Varianzen von X_1 und X_2.

Induktiv schließt man, daß die Summe von n unabhängigen normalverteilten Variablen wieder eine normalverteilte Variable ist.

4.6. Übungen

Übung 1. X sei eine (m, σ)-normalverteilte Zufallsvariable (m und σ sollen Mittelwert und Streuung bedeuten).

Welche Verteilung besitzt die Variable Y: = aX + b, wenn a und b Konstante sind?

Lösung. Die Dichte von X ist

$$f(x) = \frac{1}{\sigma \sqrt{2\pi}} \exp\left(-\frac{(x-m)^2}{2\sigma^2}\right)$$

Es bezeichne g(y) die Dichte von Y. Durch $\varphi(x)$ bezeichnen wir den Ausdruck ax + b. Aus dem Ergebnis in 2.8 folgt:

$$g(y) = f(\varphi^{-1}(y)) \cdot \left|\frac{d\varphi^{-1}(y)}{dy}\right|$$

$$\varphi^{-1}(y) = \frac{y}{a} - \frac{b}{a} \qquad \frac{d\varphi^{-1}}{dy} = \frac{1}{a}$$

$$g(y) = \frac{1}{a\sigma\sqrt{2\pi}} \exp\left(-\frac{\left(\frac{y}{a} - \frac{b}{a} - m\right)^2}{2\sigma^2}\right)$$

$$g(y) = \frac{1}{a\sigma\sqrt{2\pi}} \exp\left[-\frac{[y-(am+b)]^2}{2a^2\sigma^2}\right]$$

Man erkennt darin eine Normalverteilung mit dem Mittelwert am + b und der Streuung $a\sigma$. Y ist daher (am + b, $a\sigma$)-normalverteilt.

Übung 2. Es seien X und Y zwei unabhängige (0,1)-normalverteilte Variable und es gelte Z: = Y/X. Man bestimme die Verteilung von Z.

Lösung. X und Y haben beide die Dichte

$$\frac{1}{\sqrt{2\pi}} e^{-\frac{t^2}{2}}$$

Wegen der Unabhängigkeit von X und Y ist die Dichte des Paares (X, Y) gleich dem Produkt der Dichten von X und Y.

$$f(x, y) = \frac{1}{2\pi} \exp\left[-\frac{x^2 + y^2}{2}\right]$$

Es sei G (z) die Verteilungsfunktion von Z.

$$G(z) = W(Z < z) = \iint_\Delta f(x, y)\, dx\, dy$$

Wir führen eine Variablentransformation durch:

$$x = x$$

$$y = zx$$

Die Jakobische Determinante $J: = \dfrac{\partial (x, y)}{\partial (x, z)}$ ist

$$J = \begin{vmatrix} 1 & 0 \\ z & x \end{vmatrix} = x$$

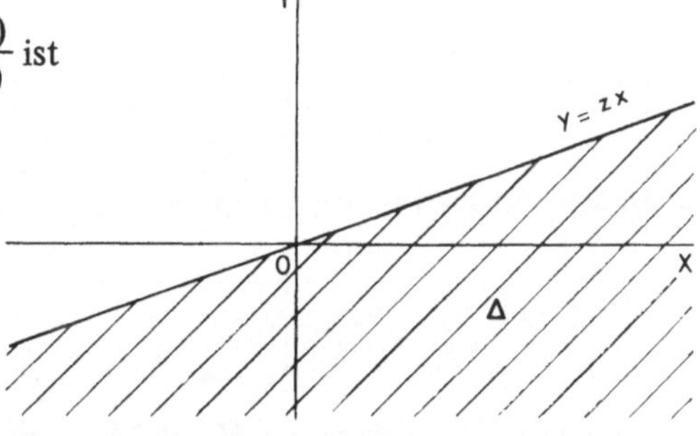

Bild 4.2

Der Bildbereich Δ' in der (x, z)-Ebene zerfällt in zwei Teilbereiche Δ'_1 und Δ'_2, in denen J konstantes Vorzeichen hat. In

$$\Delta'_1: \ |J| = x$$

$$\Delta'_2: \ |J| = -x.$$

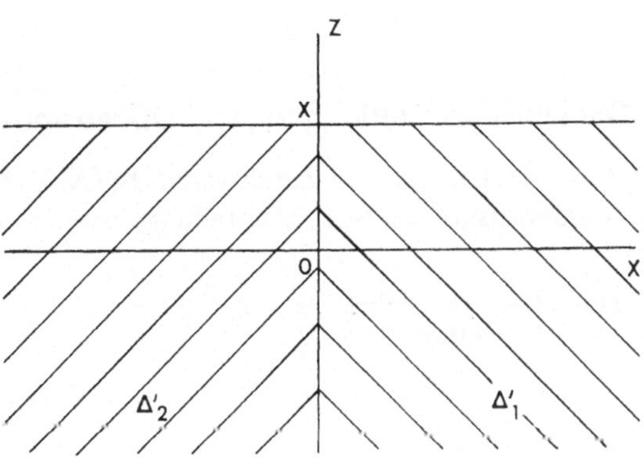

Bild 4.3

Daraus folgt

$$G(z) = \iint_{\Delta'} f(x, zx)\, x\, dx\, dz - \iint_{\Delta_2'} f(x, zx)\, x\, dx\, dz$$

$$G(z) = \frac{1}{2\pi} \int_{-\infty}^{z} \left[\int_{0}^{\infty} x \exp\left[-\frac{x^2}{2}(1 + z^2) \right] dx \right] dz$$

$$\frac{1}{2\pi} \int_{-\infty}^{z} \left[\int_{-\infty}^{0} x \exp\left[-\frac{x^2}{2}(1 + z^2) \right] dx \right] dz$$

$$G(z) = \frac{1}{\pi} \int_{-\infty}^{z} \left[\int_{0}^{\infty} x \exp\left[-\frac{x^2}{2}(1 + z^2) \right] dx \right] dz$$

$$G(z) = \frac{1}{\pi} \int_{-\infty}^{z} \frac{dz}{1 + z^2}$$

Daraus schließt man für die Dichte von Z:

$$\boxed{ g(z) = \frac{1}{\pi(1 + z^2)} }$$

Dies ist die *Cauchy-Verteilung*. Vergleicht man dieses Ergebnis mit dem Ergebnis in Übung 2c aus 2.9, so erkennt man, daß man die Cauchy-Verteilung auch für die Variable $Z := \tan X$ erhält, wenn X gleichmäßig über dem Intervall $(-\pi, \pi)$ verteilt ist.
Die Verteilung besitzt keine Momente, wie man leicht nachweist. Es wurde bereits gezeigt, daß dafür kein Erwartungswert existiert.

4.7. Die Normalverteilung in zwei Dimensionen

Ein absolut stetiges Paar von Zufallsvariablen (X, Y) heißt „normalverteilt" (gehorcht einer zweidimensionalen Normalverteilung), wenn seine Dichte gegeben ist durch:

$$f(x, y) = \frac{1}{2\pi\sigma_1\sigma_2\sqrt{1 - r^2}} \exp\left[-\frac{1}{2(1 - r^2)} \left(\frac{(x - a)^2}{\sigma_1^2} \right. \right.$$

$$\left. \left. - 2r\frac{(x - a)(y - b)}{\sigma_1\sigma_2} + \frac{(y - b)^2}{\sigma_2^2} \right) \right] \tag{4.18}$$

worin a, b, σ_1, σ_2 beliebige Parameter sind und r ein Parameter mit $|r| \leqslant 1$ ist.

Man schließt daraus:

Dichte der Randvariablen X:

$$f_1(x) = \frac{1}{\sigma_1 \sqrt{2\pi}} \, \exp\left[-\frac{(x_1 - a)^2}{2\,\sigma_1^2} \right]$$

Dichte der Randvariablen Y:

$$f_2(y) = \frac{1}{\sigma_2 \sqrt{2\pi}} \, \exp\left[-\frac{(x_2 - b)^2}{2\,\sigma_2^2} \right]$$

Beide Randvariable sind normalverteilt mit den Parametern a, σ_1 und b, σ_2.

Eine an sich nicht schwierige, aber langwierige Rechnung zeigt, daß der Korrelationskoeffizient der Variablen X und Y gleich r ist. Wir betrachten also zwei unabhängige Variable X und Y, wobei X (a, σ_1)-normalverteilt und Y (b, σ_2)-normalverteilt sei. Die Dichte des Paares ist dann gleich dem Produkt aus den Dichten der beiden Randvariablen.

$$f(x, y) = \frac{1}{2\pi\sigma_1\sigma_2} \, \exp\left[-\frac{1}{2}\left(\frac{(x - a)^2}{\sigma_1^2} + \frac{(y - b)^2}{\sigma_2^2} \right) \right]$$

Diesen Ausdruck findet man aus (4.18) für r = 0. *Es folgt daraus, daß zwei unkorrelierte normalverteilte Variable unabhängig sind.*

5. Konvergenzprobleme

Dieses Kapitel geht über die Grundkenntnisse hinaus, die ein Student in den unteren Semestern haben sollte. Unter dem Titel „Mathematische Hilfsmittel" scheint es angebracht auch zu zeigen, was man unter dem *„Gesetz der großen Zahlen"* versteht. Es handelt sich dabei nicht um eine Wahrscheinlichkeitsverteilung für eine Zufallsvariable. Darüber hinaus dürfte es interessant sein, etwas über *„Grenzwahrscheinlichkeiten"* zu erfahren, die so bequem zu verwenden sind und die gute Näherungen für komplizierte Wahrscheinlichkeiten bieten.

5.1. Die stochastische Konvergenz und das schwache Gesetz der großen Zahlen

5.1.1. Definition

Gegeben sei eine Folge von Zufallsvariablen

$$Y_1, Y_2, \ldots, Y_n, \ldots$$

Falls es eine Konstante a gibt, so daß für hinreichend kleine ϵ gilt

$$\lim_{n \to \infty} W(|Y_n - a| < \epsilon) = 1$$

so sagt man, die Folge der Zufallsvariablen $Y_1, \ldots, Y_n, \ldots$ *konvergiert stochastisch gegen a.*
Ebenso sagt man, die Folge der Zufallsvariablen

$$Y_1 - a, Y_2 - a, \ldots, Y_n - a, \ldots$$

konvergiert stochastisch gegen 0.
Ausgedrückt in der letzten Form läßt sich der vorangehende Begriff verallgemeinern, indem man einerseits eine Folge von Zufallsvariablen $Y_1, \ldots, Y_n, \ldots$ und andererseits eine Folge von Konstanten $a_1, \ldots, a_n, \ldots$ betrachtet. Wenn

$$\lim_{n \to \infty} W(|Y_n - a_n| < \epsilon) = 1$$

so sagt man, die Folge $Y_n - a_n$ konvergiert *stochastisch gegen* 0. Dies bedeutet, daß es zu zwei vorgegebenen beliebig kleinen Zahlen ϵ und η stets eine ganze Zahl N gibt, so daß für $n \geq N$

$$W(|Y_n - a_n| < \epsilon) \geq 1 - \eta$$

Es sei $X_1, \ldots, X_n, \ldots$ eine Folge von Zufallsvariablen. Wir konstruieren dazu eine Folge von Zufallsvariablen Y_n, bei der jedes Y_n das arithmetische Mittel aus den n ersten X_i ist:

$$Y_n := \frac{1}{n} \sum_{i=1}^{n} X_i$$

Wenn es eine Folge von Konstanten $a_1, a_2, \ldots, a_n, \ldots$ gibt, so daß die Folge $Y_n - a_n$ stochastisch gegen 0 konvergiert, so sagt man, *die Folge X_n gehorche dem schwachen Gesetz der großen Zahlen.*

5.1.2. Das Theorem von Tschebyscheff

$X_1, \ldots, X_n \ldots$ sei eine Folge von paarweise unabhängigen Zufallsvariablen, deren Varianzen endlich und gleichförmig beschränkt sind. Das heißt, es gibt eine Konstante c mit

$$\mu_2(X_i) \leqslant c \text{ für alle i.}$$

Wir wollen zeigen, daß für jedes beliebige positive ϵ gilt:

$$\lim_{n \to \infty} W\left[\left| \frac{1}{n} \sum_{k=1}^{n} X_k - \frac{1}{n} \sum_{k=1}^{n} E(X_k) \right| < \epsilon \right] = 1$$

Die Variable $Y_n = \frac{1}{n} \sum_{k=1}^{n} X_k$ ist das arithmetische Mittel aus den n ersten X_k.

$a_n = \frac{1}{n} \sum_{k=1}^{n} E(X_k)$ bestimmt eine Folge von Konstanten. Man erhält:

$$a_n = E(Y_n)$$

Wir berechnen

$$\mu_2(Y_n) = \sigma^2(Y_n) = \frac{1}{n^2} \sum_{k=1}^{n} \sigma^2(X_k)$$

Wegen $\sigma^2(X_i) \leqslant c$ schließt man auf

$$\sigma^2(Y_n) \leqslant \frac{c}{n}$$

Unter Verwendung der Ungleichung von Bienaymé-Tschebyscheff erhält man:

$$W\{\,|Y_n - E(Y_n)| < \epsilon\} \geqslant 1 - \frac{\sigma^2(Y_n)}{\epsilon^2}$$

d.h.

$$W\left\{\left|\frac{1}{n}\sum_{k=1}^{n} X_k - \frac{1}{n}\sum_{k=1}^{n} E(X_k)\right| < \epsilon\right\} \geqslant 1 - \frac{c}{n\epsilon^2}$$

Bei $n \to \infty$ erhalten wir im Grenzfall:

$$\lim_{n \to \infty} W\left\{\left|\frac{1}{n}\sum_{k=1}^{n} X_k - \frac{1}{n}\sum_{k=1}^{n} E(X_k)\right| < \epsilon\right\} \geqslant 1$$

Da eine Wahrscheinlichkeit nicht größer als 1 sein kann, ist damit das Theorem bewiesen.

5.1.3. Das Theorem von Bernoulli

Es handelt sich um einen Sonderfall des vorhergehenden Theorems.

Wie in 4.1.2. sei ϵ ein Versuch, dessen Ergebnis ein Ereignis A mit der Wahrscheinlichkeit p sein kann. $\epsilon^{(n)}$ sei ein Versuch, der in einer n-maligen Wiederholung von ϵ bestehe. Es bezeichne k die Anzahl der Ereignisse A im Verlauf von $\epsilon^{(n)}$. Wir wollen zeigen, daß

$$\lim_{n \to \infty} W\left\{\left|\frac{k}{n} - p\right| < \epsilon\right\} = 1$$

wobei k/n die relative Häufigkeit von A ist.

Es gilt $k/n = \dfrac{1}{n}\displaystyle\sum_{i=1}^{n} X_i$ wenn jedes X_i eine Bernoulli-Variable ist, die mit dem i-ten Versuch in der folgenden Beziehung steht:

$$X_i = \begin{cases} 1 \text{ wenn A; } W(A) = p \\ 0 \text{ wenn } \bar{A}; \; W(\bar{A}) = q = 1 - p \end{cases}$$

k/n ist dann das arithmetische Mittel aus den n ersten X_i (die übrigens alle dieselbe Verteilung haben).

Wir haben bereits berechnet:

$$\left.\begin{array}{l} E(X_i) = p \\ \sigma^2(X_i) = pq \end{array}\right\} \text{ für alle } i$$

Wie groß auch p und q sind, immer gilt $pq \leqslant 1/4$.

Es liegen also die Bedingungen des Theorems von Tschebyscheff vor. Wir haben somit bewiesen: Die Wahrscheinlichkeit dafür, daß die Abweichung zwischen der relativen Häufigkeit eines Ereignisses und seiner Wahrscheinlichkeit beliebig klein wird, strebt bei unbegrenzt oftmaliger Wiederholung des Versuchs gegen 1. Mit anderen Worten, die relative Häufigkeit eines Ereignisses A konvergiert stochastisch gegen die Wahrscheinlichkeit für A, wenn man die Anzahl der Versuche unbegrenzt erhöht.

Dieses Resultat ist seit *Bernoulli* unter dem Namen „*Gesetz der großen Zahlen*" bekannt. Es ist jedoch noch zu schwach, um eine heuristische Definition der Wahrscheinlichkeit ausgehend von der relativen Häufigkeit zu rechtfertigen.

5.2. Konvergenz der Verteilung nach — Grenzverteilungen

5.2.1. Definition

Wir betrachten eine Folge von Zufallsvariablen $X_1, X_2, \ldots, X_n, \ldots$, deren Wahrscheinlichkeitsverteilungen durch $F_1, F_2, \ldots, F_n, \ldots$ gegeben seien, wobei die F_i die entsprechenden Verteilungsfunktionen sind.

Die Folge X_n *konvergiert der Verteilung nach,* wenn die Folge F_n gleichförmig gegen eine Funktion F konvergiert.

F ist eine Verteilung. Sie stellt die *Grenzverteilung* der Folge X_n dar.

5.2.2. Das Theorem von Moivre

Es seien X_n Zufallsvariable mit einer Binomialverteilung

$$P_{n,k} := W(X_n = k) = \frac{n!}{k!\,(n-k)!}\, p^k q_n^{-k}$$

für $k = 0, 1, \ldots, n$.

i und j seien ganze Zahlen mit $0 \leqslant i < j \leqslant n$. Dann gilt

$$W(i \leqslant X_n \leqslant j) = \sum_{k=i}^{j} P_{n,k}$$

Man trage auf einer Geraden die Abszissen $i, i+1, \ldots, j$ auf und konstruiere die Rechtecke mit der Grundlinie 1 (und den Abszissen k als Mittelpunkt) und der Höhe $P_{n,k}$.

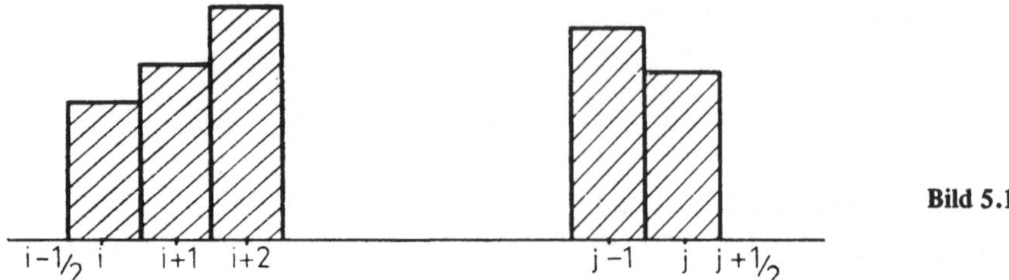

Bild 5.1

Unter diesen Umständen ist $W(i \leqslant X_n \leqslant j)$ die Summe der Inhalte der zu k gehörenden Rechtecke mit $i \leqslant k \leqslant j$.

Wir betrachten nun die zentrierte und reduzierte Zufallsvariable U_n, die mit X_n durch

$$u := \frac{k - np}{\sqrt{npq}}$$

verbunden ist. Wir haben

$$W(u_1 \leqslant U_n \leqslant u_2) = W(i \leqslant X_n \leqslant j)$$

$$\text{mit} \quad u_1 := \frac{i - np}{\sqrt{npq}} \quad \text{und} \quad u_2 := \frac{j - np}{\sqrt{npq}}$$

Wenn man $W(u_1 \leqslant U_n \leqslant u_2)$ als Summe der Inhalte von Rechtecken darstellen will, deren Grundlinien nun die Längen $1/\sqrt{npq}$ haben, so muß man die Höhen $P_{n,k}$ mit $\sqrt{npq}$ multiplizieren (Bild 5.2).

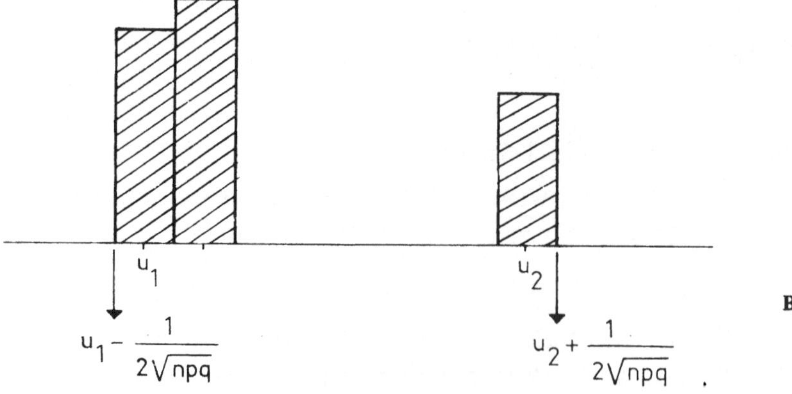

Bild 5.2

Es strebe nun n gegen Unendlich, während u_1, u_2 und p konstant bleiben. $W(u_1 \leqslant U_n \leqslant u_2)$ ist die Summe der Inhalte von Rechtecken, deren Grundlinie $1/\sqrt{npq}$ gegen Null strebt und deren Höhen $\sqrt{npq} - P_{n,k}$ so den ganzen Zahlen k entsprechen, daß

$$np + \sqrt{npq}\, u_1 \leqslant k \leqslant np + \sqrt{npq}\, u_2$$

Es ist also zu zeigen, daß $\sqrt{npq}\, P_{n,k}$ für $n \to \infty$ gegen einen Grenzwert strebt. Wir hätten dann

$$W(u_1 \leqslant U \leqslant u_2) = \int_{u_1}^{u_2} f(u)\, du$$

$$\sqrt{npq}\, P_{n,k} = \frac{\sqrt{npq}\, n!}{k!\,(n-k)!}\, p^k q^{n-k}$$

Wir setzen $\xi := k - np$. Daraus folgt

$$k = np + \xi$$

und

$$n - k = nq - \xi$$

Wir ersetzen die Faktoriellen durch ihre Werte gemäß der Stirlingschen Formel:

$$n! = n^n e^{-n} \sqrt{2\pi n}\, (1 + \epsilon_n)\ \text{oder}\ \epsilon_n \to 0\ \text{für}\ n \to \infty$$

Es wird

$$\lim_{n \to \infty} (\sqrt{npq}\, P_{n,k})$$

$$= \frac{\sqrt{npq}\, n^n e^{-n} \sqrt{2\pi n}\, p^{np+\xi} q^{nq-\xi}}{(np+\xi)^{np+\xi} e^{-(np+\xi)} \sqrt{2\pi\,(np+\xi)}\, (nq-\xi)^{nq-\xi} e^{-(nq-\xi)} \sqrt{2\pi\,(nq-\xi)}}$$

da ϵ_n, $\epsilon_{np+\xi}$ und $\epsilon_{nq-\xi}$ gegen 0 streben.

Nach Vereinfachung erhält man:

$$\frac{1}{\sqrt{2\pi}} \times \frac{1}{\sqrt{1 + \dfrac{\xi}{np}}\,\sqrt{1 - \dfrac{\xi}{nq}}} \times \frac{1}{\left(1 + \dfrac{\xi}{nq}\right)^{np+\xi} \left(1 - \dfrac{\xi}{nq}\right)^{nq-\xi}}$$

Der erste Faktor ist konstant, nämlich $1/\sqrt{2\pi}$.

Wir untersuchen den Grenzwert des zweiten Faktors. Es gilt

$$\xi = k - np,\quad \xi = u\sqrt{npq}\ \text{und}\ \frac{\xi}{np} = \frac{u\sqrt{q}}{\sqrt{np}}$$

Daraus folgt

$$\sqrt{1 + \xi/np} = \sqrt{1 + \frac{u\sqrt{q}}{\sqrt{np}}} \to 1$$

für $n \to \infty$, da $u_1 \leqslant u \leqslant u_2$ und u_1 und u_2 endlich und fest sind.
Ebenso haben wir

$$\sqrt{1 - \xi/nq} \to 1 \text{ für } n \to \infty$$

Der zweite Faktor hat also den Grenzwert 1.
Wir untersuchen nun den dritten Faktor:

$$\ln\left[\frac{1}{\left(1 + \frac{\xi}{np}\right)^{np + \xi} \left(1 - \frac{\xi}{nq}\right)^{nq - \xi}}\right]$$

$$= -(np + \xi)\ln\left(1 + \frac{\xi}{np}\right) - (nq - \xi)\ln\left(1 - \frac{\xi}{nq}\right)$$

ξ/np und $\xi/nq \to 0$ für $n \to \infty$.
Wir verwenden die Taylorentwicklung für $\ln(1 + h)$:

$$(np + \xi)\ln\left(1 + \frac{\xi}{np}\right) + (nq - \xi)\ln\left(1 - \frac{\xi}{nq}\right)$$

$$= (np + \xi)\left[\frac{\xi}{np} - \frac{\xi^2}{2\,n^2 p^2} + \ldots\right] + (nq - \xi)\left[-\frac{\xi}{nq} - \frac{\xi^2}{2\,n^2 q^2} \cdots\right]$$

$$= \frac{1}{2}\frac{\xi^2}{npq} + \epsilon\,\xi^3 + \ldots$$

Es gilt

$$\xi^2/npq = u^2$$

Der Logarithmus des Faktors strebt daher gegen $-u^2/2$ und

$$f(u) \to \frac{1}{\sqrt{2\pi}}\,e^{-\frac{u^2}{2}}$$

und

$$W(u_1 \leqslant U_n \leqslant u_2) \to \frac{1}{\sqrt{2\pi}} \int\limits_{u_1}^{u_2} e^{-u^2/2}\, du \text{ für } n \to \infty$$

Man schließt daraus, daß eine Folge von Variablen mit einer Bernoulliverteilung für $n \to \infty$ gegen eine normalverteilte Variable strebt.

Von diesem Ergebnis ausgehend findet man als Spezialfall wieder das Gesetz der großen Zahlen von Bernoulli.

Die Ungleichung $|\frac{k}{n} - p| < \epsilon$ ist äquivalent zu $|u| < \epsilon \sqrt{\frac{n}{pq}}$.

Es sei N eine gegebene positive Zahl. Es läßt sich ein hinreichend großes n finden mit

$$\epsilon \sqrt{\frac{n}{pq}} > N$$

Daraus schließt man

$$W(|k/n - p| < \epsilon) \geqslant W(|u| < N)$$

Für $n \to \infty$ strebt die rechte Seite gegen den Grenzwert

$$\int_{-N}^{N} f(u)\, du$$

Wählt man N hinreichend groß, so liegt dieser Grenzwert beliebig nahe bei 1. Es folgt also

$$W(|k/n - p| < \epsilon) \to 1 \text{ für } n \to \infty$$

Die Approximation einer Binomialverteilung durch eine Normalverteilung ist umso besser, je größer n ist und je weniger sich p und q unterscheiden. Die Normalverteilung ist nämlich symmetrisch, die Binomialverteilung ist es nur für $p = q = 1/2$.

Beispiel für eine Approximation. Man werfe 1000-mal eine vollkommen homogene Münze hoch. Wie groß ist die Wahrscheinlichkeit P, daß man 545-mal „Kopf" als Ergebnis erhält? Wegen $p = q = 1/2$ bleibt das Problem dasselbe, wenn man „Kopf" durch „Wappen" ersetzt. Die genaue Lösung liefert

$$P = \sum_{k=545}^{1000} C_{1000}^{k} \left(\frac{1}{2}\right)^{1000} = 0,00243$$

Es ist klar, daß man in der Praxis auf eine derartige Rechnung verzichtet. Da n bereits als hinreichend groß ($n = 1000$) betrachtet werden darf und es sich in diesem Fall wegen $p = q = 1/2$ um eine symmetrische Binomialverteilung handelt und da schließlich das

Intervall $[545, 1000]$[1] nicht nur einen kleinen Bereich erfaßt, darf man die vorangehende Rechnung näherungsweise ausführen, indem man die Normalverteilung als Grenzverteilung heranzieht.

Wir haben dann

$$P \cong \frac{1}{\sqrt{2\pi}} \int\limits_{u_1}^{u_2} e^{-x^2/2}\, dx$$

$$u_1 = \frac{k_1 - np}{\sqrt{npq}} = \frac{545 - 500}{\sqrt{250}} = 2{,}82$$

$$u_2 = \frac{1000 - 500}{\sqrt{250}} = 31{,}6$$

und

$$\frac{1}{\sqrt{2\pi}} \int\limits_{2,82}^{31,6} e^{-x^2/2}\, dx \cong \frac{1}{\sqrt{2\pi}} \int\limits_{2,82}^{\infty} e^{-x^2/2}\, dx = 0{,}00242$$

5.2.3. Das Theorem von Poisson

Wenn $p \ll q$, so kann man eine andere Konvergenz der Binomialverteilung

$$P_{n,k} := \frac{n!}{k!\,(n-k)!}\, p^k q^{n-k}$$

untersuchen. Wir setzen $\mu := np$.

$$P_{n,k} = \frac{n!}{k!\,(n-k)!} \left(\frac{\mu}{n}\right)^k \left(1 - \frac{\mu}{n}\right)^{n-k}$$

Es gilt

$$\frac{n!}{n^k\,(n-k)!} = 1 \left(1 - \frac{1}{n}\right)\left(1 - \frac{2}{n}\right)\dots\left(1 - \frac{k-1}{n}\right)$$

Daraus folgt

$$P_{n,k} = \left(1 - \frac{1}{n}\right)\left(1 - \frac{2}{n}\right)\dots\left(1 - \frac{k-1}{n}\right)\left(1 - \frac{\mu}{n}\right)^{-k}\left(1 - \frac{\mu}{n}\right)^{n} \frac{\mu^k}{k!}$$

p sei sehr klein und n strebe nun gegen ∞. Dann haben wir näherungsweise

$$\left(1 - \frac{1}{n}\right)\left(1 - \frac{2}{n}\right)\dots\left(1 - \frac{k-1}{n}\right) \sim 1$$

---

[1]) Die Approximation wäre zum Beispiel im Intervall $[980, 1000]$ gefährlich.

und ebenso

$$(1 - \mu/n)^{-k} \sim 1$$

und

$$(1 - \mu/n)^{-n} \sim e^{-\mu}$$

Daraus folgt

$$P_{n,k} \to \frac{e^{-\mu} \mu^k}{k!}$$

Dies ist eine Poisson-Verteilung mit dem Mittelwert μ.

5.3. Der Begriff der fast sicheren Konvergenz

Wir beschränken uns hier auf einen kurzen Überblick.

Es sei E die Menge der Elementarereignisse eines Versuchs *E*. Wir betrachten die mit *E* verbundene Folge von Zufallsvariablen

$$X_n = f_n(c) \text{ mit } c \in E.$$

Es sei A die Menge aller Elementarereignisse, für die die Folge $f_n(c)$ konvergiert. f(c) sei der Grenzwert von $f_n(c)$ in c. Wir haben $A \subseteq E$.

Die Zufallsvariable X sei nun definiert durch:

$$X = f(c), \text{ wenn } c \in A$$
$$X = 0, \text{ wenn } c \notin A.$$

Wenn $W(A) = 1$, so sagt man, die Folge der Zufallsvariablen X_n konvergiere *fast sicher* gegen die Zufallsvariable X und schreibt dafür

$$W(X_n \to X) = 1$$

oder

$$W(X_n \to X) = 0.$$

Mit anderen Worten, die Konvergenz von X_n ist „fast überall" gesichert, d.h. in ganz E mit Ausnahme von höchstens einer Teilmenge von E, deren Wahrscheinlichkeit 0 ist.

E. Borel hat gezeigt, daß die Folge der Zufallsvariablen k/n fast sicher gegen p konvergiert. k/n ist wie in 5.1.3 die relative Häufigkeit eines Ereignisses A, für dessen Eintreten bei jedem Versuch die Wahrscheinlichkeit p besteht. Dieses Ergebnis ist unter dem Namen *„starkes Gesetz der großen Zahlen"* bekannt.

Beispiel für eine stochastisch konvergente Folge, die nicht fast sicher konvergiert. Wir gehen von einem lange Zeit beliebten Fernsehspiel aus. Der Conferencier läßt der Reihe nach drei Partien spielen. Bei jeder Partie muß der Spieler aus fünf Chansons die besten auswählen und in der richtigen Reihenfolge angeben (die richtige Reihenfolge wird durch eine Jury bestimmt). Wir erweitern dieses Spiel auf eine unendliche Folge von Partien.

Durch A, B, C, D, E werden die fünf Chansons bezeichnet, die in der ersten Partie vorkommen. Wir betrachten die Zufallsvariablen

$$X_1 = \begin{cases} 1 \text{ wenn ABC die erste Partie gewinnt} \\ 0 \text{ sonst} \end{cases}$$

$$X_2 = \begin{cases} 1 \text{ wenn ABD die erste Partie gewinnt} \\ 0 \text{ sonst} \end{cases}$$

usw. Auf diese Weise werden 60 Zufallsvariable definiert, die von 1 bis 60 durchnumeriert werden und den 60 möglichen Auswahlen in der ersten Partie entsprechen.

Hierauf betrachten wir die Variablen:

$$X_{61} = \begin{cases} 1 \text{ wenn ABC das erste gewinnende Tripel ist und wenn bei der zweiten} \\ \quad \text{Partie das Tripel } A'B'C' \text{ gewinnt } (A', B', C', D', E' \text{ seien die bei der} \\ \quad \text{zweiten Partie vorkommenden fünf Chansons)} \\ 0 \text{ sonst} \end{cases}$$

usw. Man erzeugt dadurch $60^2 = 3600$ neue Variable X_n, die den möglichen Reihenfolgen in den ersten zwei Partien entsprechen. Sie tragen die Indizes 61 bis 3600.

Auf diese Weise fährt man in der Definition der X_n in der dritten, vierten, . . . , p-ten Partie fort.

Wir wollen zeigen, daß die Folge der X_n stochastisch gegen 0 konvergiert. Tatsächlich gibt es in jeder Partie 60 Möglichkeiten.

Wenn für n gilt

$$\sum_{k=1}^{p-1} (60)^k < n \leqslant \sum_{k=1}^{p} (60)^k$$

so hängt der Wert von X_n von der Wahl für die ersten p Partien ab. Also gilt

$$W(X_n = 1) = \frac{1}{(60)^p} \quad \text{und} \quad W(X_n = 0) = 1 - \frac{1}{(60)^p}$$

Diese Größe strebt gegen 1, wenn n gegen ∞ strebt. X_n konvergiert also stochastisch gegen 0.

Aber wie immer auch die unendliche Folge ω der Wahl der Jury ausfällt, $X_n(\omega)$ strebt für $n \to \infty$ nicht gegen 0. X_n konvergiert also nicht fast sicher gegen 0.

Anhang

Aufgabe 1

Eine Zelle enthält N Chromosomen. Jedes davon besteht aus zwei Teilen. Ein Teil enthält ein Zentrometer, der andere Teil nicht. Man numeriere die Chromosomen einer Zelle in willkürlicher Weise und bezeichne sie durch $C_1, C_2, \ldots, C_N$. Jedes Chromosom C_i umfaßt zwei Teile A_i und a_i. A_i enthalte ein Zentrometer, a_i nicht. Es sei A die Familie $\{A_1, \ldots, A_N, a_1, \ldots, a_N\}$.

Die Zelle wird nun einer Bestrahlung ausgesetzt. Die Chromosomen C_i zerfallen dabei in die Bestandteile A_i und a_i. Sobald man die Bestrahlung unterbricht, gruppieren sich die Elemente von A wieder paarweise, aber auf willkürliche Weise. Die so gebildeten Paare sind Chromosomen. Man erhält also eine neue Zelle mit N Chromosomen. Es sei vorausgesetzt, daß die 2N Elemente von A verschieden sind.

Zwei Zellen heißen vom selben Typ, wenn sie die gleichen Chromosomen enthalten, und zwar unabhängig von deren Anordnung, da die Chromosomen einer Zelle nicht als geordnet betrachtet werden. Man nimmt an, daß zur Zeit der Bildung neuer Chromosomen jeder Zellentyp dieselbe Wahrscheinlichkeit besitzt, realisiert zu werden.

1. Wieviel verschiedene Chromosomen können sich aus den Elementen von A bilden?

2. a) Wieviele Typen von Zellen sind möglich?

b) Mit welcher Wahrscheinlichkeit ist die neu gebildete Zelle vom selben Typ wie die Ausgangszelle?

3. Eine Zelle ist lebensfähig, wenn jedes ihrer Chromosomen einen Teil mit einem Zentrometer enthält. Mit welcher Wahrscheinlichkeit ist die neu gebildete Zelle lebensfähig?

Lösung

1. Die Zahl der Chromosomen, die sich aus A bilden können, ist gleich der Zahl der Paare aus Elementen von A. Da A 2N Elemente enthält, ist diese Zahl gleich

$$C_{2N}^2 = N(2N - 1)$$

2. a) Die Chromosomen in der Zelle sind nicht geordnet. Man ordne sie willkürlich. Für jede neu gebildete Zelle kann man dann schreiben

$$(\gamma_1, \ldots, \gamma_N)$$

Für zwei geordnete Zellen gilt $(\gamma_1 \ldots \gamma_N) \equiv (\gamma_1' \ldots \gamma_N')$ dann und nur dann, wenn $\gamma_i = \gamma_i'$ für $i = 1, 2, \ldots, N$. Zwei Zellen, die diese Relation erfüllen, sind vom selben Typ. Die Umkehrung gilt jedoch nicht. Wir suchen die Anzahl geordneter Zellen, die im Sinne dieser Relation verschieden sind und die aus den Elementen von A gebildet werden können.

γ_1 kann ein Chromosom aus C_{2N}^2 möglichen Chromosomen sein. Wir nehmen an, $K_p = (\gamma_1 \ldots \gamma_p)$, $p < N$ sei bereits fixiert. Wieviele Familien der Form $(\gamma_1, \ldots, \gamma_p, \gamma_{p+1})$, die K_p enthalten, kann man bilden?

Die Antwort liegt in der Anzahl von Elementenpaaren, die man aus den $2N - 2p$ nicht in K_p enthaltenen Elementen bilden kann, also C_{2N-2p}^2. Die Zahl der geordneten Familien von N Chromosomen ist daher

$$C_{2N}^2 \cdot C_{2N-2}^2 \ldots 1 = \frac{(2N)!}{2^N}$$

Für eine gegebene geordnete Zelle $(\gamma_1 \ldots \gamma_N)$ ist $(\gamma_{\sigma(1)} \cdots \gamma_{\sigma(N)})$ vom selben Typ wie $(\gamma_1 \ldots \gamma_N)$, unabhängig davon, um welche Permutation σ von $\{1, \ldots, N\}$ es sich handelt.

Die Anzahl von Zellen verschiedener Typen ist also gleich der Zahl der im Sinne der obigen Relation verschiedenen Zellen, dividiert durch die Anzahl der Permutationen von $\{1, 2, \ldots, N\}$, d.h.

$$\frac{(2N)!}{2^N \, N!} = \mu$$

b) Es sei C die Menge der Typen von Zellen, die durch Kombinationen von Elementen aus A gebildet werden können. Nach a) kann man setzen

$$C := \{C_i\} \; i = 1, \ldots, \frac{(2N)!}{N! \, 2^N}$$

Es sei e_i das Ereignis: „Die neu gebildete Zelle ist vom Typ C_i".

E sei das Ereignis: „Der Typ der neu gebildeten Zelle gehört zu C".

$$W(E) = 1.$$

Nach Annahme gilt

$$W(e_i) = W(e_j) = k \quad \text{für alle} \; i, j \in \left\{ 1, \ldots, \frac{(2N)!}{2^N \, N!} \right\}$$

Definitionsgemäß gilt

$$e_i \cap e_j = \phi$$

und $E = \bigcup_i e_i$, also ist

$$W(E) \sum_{i=1}^{\mu} W(e_i) = \frac{(2N)!}{2^N \, N!} \, k = 1$$

und

$$W(e_i) = k = \frac{2^N \, N!}{(2\,N)!}$$

Insbesondere gilt, wenn C_k der Typ der Ausgangszelle ist

$$W(e_k) = \frac{2^N \, N!}{(2\,N)!}$$

3. Wir berechnen die Anzahl der lebensfähigen Zellen, die aus den Elementen von A gebildet werden können.

Es sei V die Menge dieser Zellen, ν sei die Anzahl der Elemente von V.

Jedes Element von V hat die Form

$$v_\sigma = \{(A_1, a_{\sigma(1)}), (A_2, a_{\sigma(2)}), \ldots, (A_N, a_{\sigma(N)})\}$$

wo σ eine Permutation von $\{1, \ldots, N\}$ ist.

Wenn andererseits σ und σ' zwei verschiedene Permutationen von $\{1, \ldots, N\}$ sind, so existiert ein k mit $\sigma(k) \neq \sigma'(k)$. v_σ enthält dann $(A_k, a_{\sigma(k)})$, $v_{\sigma'}$ enthält dieses Chromosom nicht. v_σ und $v_{\sigma'}$ sind daher nicht vom selben Typ.

Die Anzahl der lebensfähigen Zellen ist daher gleich der Anzahl der Permutationen von $\{1, \ldots, N\}$. Es gilt also: $\nu = N!$

Es sei f das Ereignis: „Die neu gebildete Zelle ist vom selben Typ wie v_σ". F sei das Ereignis: „Die neu gebildete Zelle ist lebensfähig".

$$W(F) = \sum_{\substack{\sigma \text{ Permutation} \\ \text{von } 1 \ldots N}} W(f_\sigma) = N! \, k = \frac{2^N \, (N!)^2}{(2\,N)!}$$

Aufgabe 2

Zwei Geldstücke A und B sind gefälscht: Die Wahrscheinlichkeit „Kopf" zu werfen ist gleich q bei der Münze A und gleich q' bei der Münze B. Die beiden Münzen sind unterscheidbar. Die eine ist aus Gold, die andere aus Silber, aber man weiß nicht, welche aus Gold ist, A oder B. Durch p bezeichne man die Wahrscheinlichkeit dafür, daß die goldene Münze die Münze A ist.

Man führe nun eine Reihe von Würfen durch, und zwar auf die folgende Art: Wenn das Ergebnis „Kopf" ist, so behalte man dieselbe Münze auch beim nächsten Wurf bei, wenn das nicht der Fall ist, so nehme man beim nächsten Mal die andere Münze. Beim ersten Wurf wähle man die goldene Münze.

Durch a_n werde die Wahrscheinlichkeit dafür bezeichnet, daß beim n-ten Wurf die Münze A an der Reihe ist.

1. Welchen Wert hat a_1? Man berechne a_2 als Funktion von p, q und q'.

2. Man berechne a_n als Funktion von p, q und q'. Man setze

$$\lambda: = q + q' - 1; \quad \rho: = 1 - q'$$

3. Gegen welchen Grenzwert strebt a_n für $n \to \infty$? Hängt dieser Grenzwert von der Tatsache ab, welche Münze als die goldene beim ersten Wurf betrachtet wird?

4. Man berechne a_1, a_2, a_3 und den Grenzwert $a: = \lim a_n$ für $p = 1/2$; $q: = \frac{2}{3}$; $q': = \frac{2}{5}$.

5. Man bezeichne durch α_n die bedingte Wahrscheinlichkeit dafür, daß beim n-ten Wurf die goldene Münze an der Reihe ist, wenn man weiß, daß A diese Münze ist. Welche Werte haben α_1 und α_2? Man berechne α_n als Funktion von q und q'. Insbesondere gebe man die Werte α_1, α_2, α_3 und $\alpha: = \lim \alpha_n$ für $q: = \frac{2}{3}$; $q': = \frac{2}{5}$ an.

6. Wie groß ist die bedingte Wahrscheinlichkeit dafür, daß die goldene Münze die Münze A ist, wenn man weiß, daß beim n-ten Wurf A an der Reihe ist. Man gebe diese Wahrscheinlichkeit als Funktion von a_n, α_n und p an.

Wie groß ist ihr Wert für $n = 1$, für $n \to \infty$?

Lösung

1. Beim ersten Wurf soll die goldene Münze an der Reihe sein. Da die Wahrscheinlichkeit dafür, daß A diese Münze ist, gleich p ist, haben wir

$$\boxed{a_1 = p.}$$

Eine oft verwendete Methode zur Lösung eines derartigen Problems besteht in der Konstruktion eines Graphen in der Form eines Baumes. Beim ersten Wurf findet man zwei Ereignisse:

a) „Werfen der Münze A": Dies ist ein Ereignis mit der Wahrscheinlichkeit p;

b) „Werfen der Münze B": Dies ist ein Ereignis mit der Wahrscheinlichkeit $1 - p$.

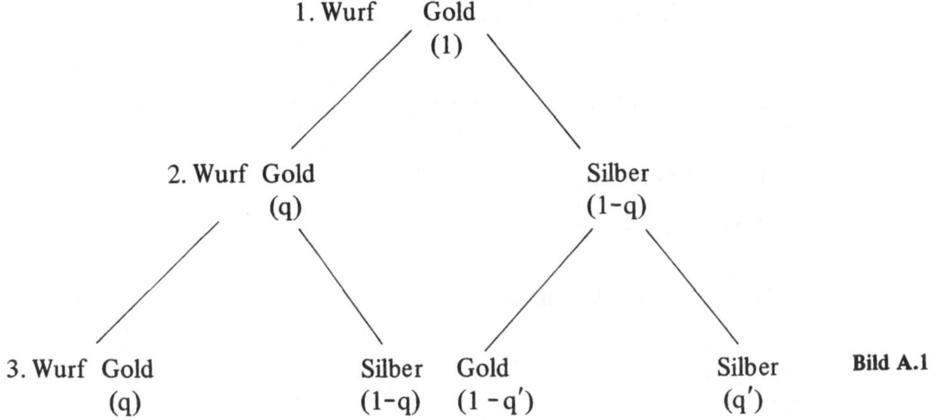

Beim zweiten Wurf hat der Baum bereits vier Zweige, die den vier folgenden gebundenen Ereignissen entsprechen:

a) „Werfen von A, wenn man weiß, daß die beim ersten Wurf verwendete Münze A ist" (Wahrscheinlichkeit: q)

b) „Werfen von B, wenn man weiß, daß die beim ersten Wurf verwendete Münze A ist" (Wahrscheinlichkeit: $1 - q$)

c) „Werfen von A, wenn man weiß, daß die beim ersten Wurf verwendete Münze B ist" (Wahrscheinlichkeit: $1 - q'$)

d) „Werfen von B, wenn man weiß, daß die beim ersten Wurf verwendete Münze B ist" (Wahrscheinlichkeit: q').

Daraus schließt man: $a_2 = pq + (1 - p)(1 - q')$

$$a_2 = p(q + q' - 1) + 1 - q'$$

2. Man verallgemeinere den vorangehenden Graphen durch eine Darstellung des Übergangs vom $(n - 1)$-ten zum n-ten Wurf. Man nehme an, es seien alle Punkte „A" und alle Punkte „B" des $(n - 1)$-ten Wurfs zu einem Punkt zusammengezogen worden. Es bleiben dann nur zwei Punkte A und B mit den Wahrscheinlichkeiten a_{n-1} und $1 - a_{n-1}$.

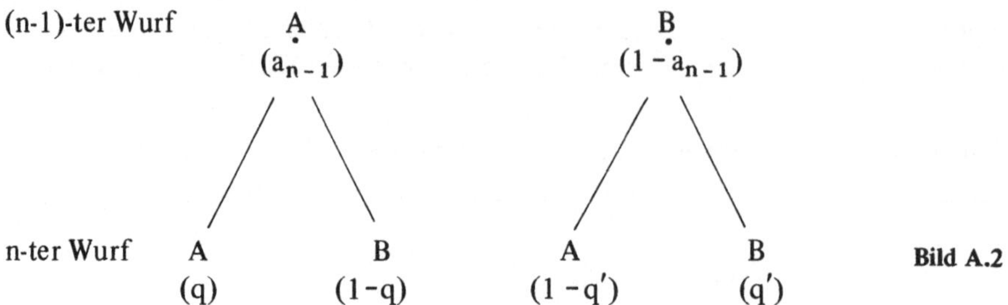

Daraus schließt man auf die Rekursionsgleichung:

$$a_n = q a_{n-1} + (1 - q')(1 - a_{n-1})$$
$$a_n = (q + q' - 1) a_{n-1} + 1 - q'$$

Mit $\lambda := q + q' - 1, \ \rho = 1 - q'$ erhält man

$$\boxed{a_n = \lambda a_{n-1} + \rho}$$

Die Lösung dieser Gleichung lautet

$$a_n = \lambda^{n-1} a_1 + \sum_{r=0}^{n-2} \rho \cdot \lambda^r$$

$\displaystyle\sum_{r=0}^{n-2} \rho \cdot \lambda^r$ ist die Summe der $(n-1)$-ten Glieder einer geometrischen Reihe

$$\sum_{r=0}^{n-2} \rho \cdot \lambda^r = \rho \, \frac{1 - \lambda^{n-1}}{1 - \lambda}$$

Wegen $a_1 = p$ gilt

$$a_n = \lambda^{n-1} p + \rho \, \frac{1 - \lambda^{n-1}}{1 - \lambda}$$

$$\boxed{a_n = \lambda^{n-1} \left[p - \frac{\rho}{1 - \lambda} \right] + \frac{\rho}{1 - \lambda}}$$

3. $\lambda := q + q' - 1$ ist kleiner als 1.

$$a := \lim_{n \to \infty} a_n = \frac{\rho}{1 - \lambda}$$

$$a = \frac{(1 - q')}{(1 - q) + (1 - q')}$$

Es sei A das Ereignis: „Man wirft mit der Münze A"

B das Ereignis: „Man wirft mit der Münze B"

F das Ereignis: „Das Ergebnis ist ‚Kopf' ".

$$a = \frac{W(\bar{F}/B)}{W(\bar{F}/A) + W(\bar{F}/B)} = \frac{W(\bar{F}/B)}{W(\bar{F})}$$

Man sieht also, daß a nur von q und q', aber nicht von p abhängt.

a hängt nicht von a_1 ab, d.h. nicht von der Tatsache, daß man beim ersten Wurf die goldene Münze gewählt hat.

4. $a_1 = 0{,}500$; $a_2 = 0{,}633$; $a_3 = 0{,}642$; $a = 0{,}643$.

5. Man verfährt wie unter 1. und 2. und konstruiert einen Graphen.

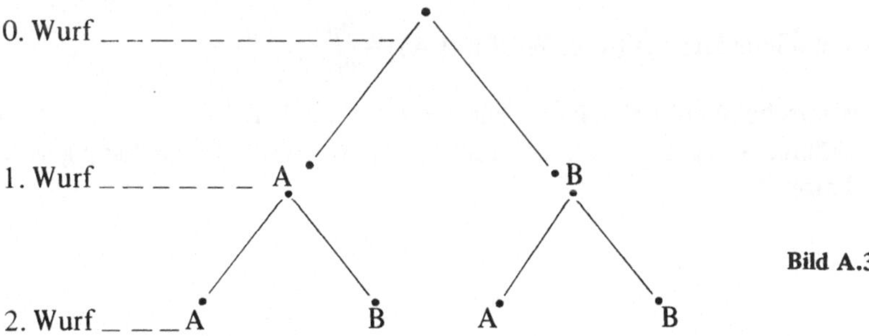

So erhält man $\alpha_1 = 1, \alpha_2 = q$

$$\boxed{\alpha_n = \lambda \alpha_{n-1} + \rho}$$

Dies ist dieselbe Rekursionsgleichung wie für die a_n. Der erste Term hier ist jedoch $\alpha = 1$, während er vorhin a = p war.

Man erhält so:

$$\boxed{\alpha_n = \lambda^{n-2} \left[q - \frac{\rho}{1 - \lambda} \right] + \frac{\rho}{1 - \lambda}}$$

Die verlangten numerischen Werte sind:

$$\alpha_1 = 1, \quad \alpha_2 = 0{,}667, \quad \alpha_3 = 0{,}645$$

$$\alpha := \lim_{n \to \infty} \alpha_n = \frac{\rho}{1 - \lambda} \; ; \quad \alpha = a; \quad \alpha = 0{,}643$$

6. Wir wenden das Theorem über zusammengesetzte Wahrscheinlichkeiten an:
Es seien E_1 und E_2 zwei Ereignisse:

$$W(E_1 \cap E_2) = W(E_1) \cdot W(E_2/E_1) = W(E_2) \cdot W(E_1/E_2)$$

Daraus folgt

$$W(E_1/E_2) = \frac{W(E_2/E_1) \cdot W(E_1)}{W(E_2)}$$

und wir erhalten

$$W[(\text{Münze A} \equiv \text{goldene Münze})/(\text{n-ter Wurf mit A})]$$

$$= \frac{W[(\text{n-ter Wurf mit A})/(\text{Münze A} \equiv \text{goldene Münze})] \cdot W[\text{Münze A} \equiv \text{goldene Münze}]}{W[\text{n-ter Wurf mit A}]}$$

$$W[(\text{Münze A} \equiv \text{goldene Münze})/(\text{n-ter Wurf mit A})] = \frac{\alpha_n}{a_n} \cdot p.$$

Für $n = 1$ ist diese Wahrscheinlichkeit gleich 1. Für $n \to \infty$ strebt sie gegen p. Das bedeutet, daß die Ereignisse „Münze A $\equiv$ goldene Münze" und „n-ter Wurf mit A" unabhängig sind, wenn n hinreichend groß ist.

Aufgabe 3

Eine Telefonzelle empfängt Kunden, kann aber nur einen zur selben Zeit abfertigen. Die Kunden verhalten sich in der folgenden Weise. Wenn die Zelle frei ist, benutzt sie der Kunde. Die Dauer seines Gesprächs ist τ. Wenn die Zelle besetzt ist, will der Kunde nicht warten und geht daher wieder. Zudem gelten die folgenden Annahmen:

a) Für alle Kunden ist die Gesprächsdauer τ dieselbe.

b) Die Ankunft der Kunden an der Zelle erfolgt gemäß einem Poisson-Prozeß. Mit andere Worten, die Zahl der ankommenden Kunden unterliegt einer Poisson-Verteilung mit einem Mittelwert λt.

$p_k(t): = W(X = k \text{ während des Zeitintervalls } t) = \dfrac{(\lambda t)^k e^{-\lambda t}}{k!}$ drückt die Wahrscheinlichkeit

dafür aus, daß k Kunden im Zeitintervall t zur Telefonzelle kommen.

c) Zu Beginn der Beobachtung ist die Zelle frei.

Man bezeichne durch $A(t)$ das Ereignis: „Alle Kunden, die während der Zeit t hier waren, haben telefoniert".

Es gelte:

$$\pi(t): = W[A(t)].$$

$B_k(t)$ bezeichne das Ereignis: „Während der Zeit t sind k Kunden angekommen".

Es gilt

$$W[B_k(t)] = p_k(t)$$

Gesucht ist die Wahrscheinlichkeit dafür, daß alle Kunden bedient werden.

1. Man bestimme $\pi(t)$ für $t \in [\![0, \tau]\!]$.

2. Man schreibe die Differentialgleichung an, der $\pi(t)$ für $t \geqslant \tau$ gehorcht. Man bestimme $\pi(t)$ für $\tau \leqslant t \leqslant 2\tau$.

3. Man beweise durch Induktion, daß für $(n-1)\,\tau \leqslant t \leqslant n\tau$:

$$\pi(t) = e^{-\lambda t} \sum_{k=0}^{n} \frac{\lambda^k [t - (k-1)\,\tau]^k}{k!}$$

Lösung

1. Nach Annahme gilt $0 \leqslant t \leqslant \tau$.

Gesucht ist $\pi(t)$, die Wahrscheinlichkeit dafür, daß alle Kunden im Zeitabschnitt $(0, t)$ bedient werden. In diesem Fall wird $A(t)$ realisiert, falls höchstens ein Kunde ankommt.

$$A(t) = B_0(t) \cup B_1(t)$$

woraus folgt

$$\pi(t) = p_0(t) + p_1(t)$$

$$\boxed{\pi(t) = e^{-\lambda t}(1 + \lambda t)}$$

Dieses Ergebnis erhält man auch mit Hilfe einer anderen Überlegung, die für die weitere Behandlung des Problems nützlich sein wird.

Zur Realisierung des Ereignisses $A(t + \Delta t)$ ist notwendig:

a) Entweder ist $A(t)$ bereits realisiert und im Intervall $[\![t, t + \Delta t]\!]$ kommt kein neuer Kunde an oder

b) es kam kein Kunde im Intervall $[\![0, t]\!]$ und es kommt einer im Intervall $[\![t, t + \Delta t]\!]$. Dafür kann man schreiben:

$$A(t + \Delta t) = [A(t) \cap B_0(\Delta t)] \cup [B_0(t) \cap B_1(\Delta t)]$$

$$\pi(t + \Delta t) = \pi(t) \cdot p_0(\Delta t) + p_0(t) \cdot p_1(\Delta t)$$

$$\pi(t + \Delta t) = \pi(t)\, e^{-\lambda \Delta t} + e^{-\lambda t}\, \lambda \Delta t\, e^{-\lambda \Delta t}$$

$$\pi(t + \Delta t) = \pi(t) + \pi(t)\, [e^{-\lambda \Delta t} - 1] + \lambda \Delta t\, e^{-\lambda (t + \Delta t)}$$

$$\frac{\pi(t + \Delta t) - \pi(t)}{\Delta t} = \pi(t) \left[\frac{e^{-\lambda \Delta t} - 1}{\Delta t} \right] + \lambda\, e^{-\lambda(t + \Delta t)}$$

Mit $\Delta t \to 0$ erhält man

$$\frac{d\pi(t)}{dt} = -\lambda \pi(t) + \lambda\, e^{-\lambda t}$$

Das allgemeine Integral dieser Gleichung ist $\pi(t) = e^{-\lambda t}[K_1 + \lambda t]$, wobei K_1 eine willkürliche Konstante ist. Mit $\pi(0) = 1$ (Annahme c) gilt $K_1 = 1$.

$$\boxed{\pi(t) = e^{-\lambda t}(1 + \lambda t)}$$

2. Wir untersuchen den Fall $t \geq \tau$.

Die vorangehende Überlegung ist auf die Untersuchung von $W\{A(t + \Delta t)\}$ in der folgenden Weise anwendbar:

Zur Realisierung des Ereignisses $A(t + \Delta t)$ ist notwendig:

a) Entweder $A(t)$ ist bereits realisiert und im Intervall $[\![t, t + \Delta t]\!]$ kommt kein neuer Kunde oder

b) $A(t-\tau)$ wurde realisiert und im Intervall $[\![t-\tau, t]\!]$ kam kein neuer Kunde und ein neuer Kunde kommt im Intervall $[\![t, t+\Delta t]\!]$.

$$A(t+\Delta t) = [A(t) \cap B_0(\Delta t)] \cup [A(t-\tau) \cap B_0(\tau) \cap B_1(\Delta t)]$$

$$\pi(t+\Delta t) = \pi(t) \cdot p_0(\Delta t) + \pi(t-\tau) \cdot p_0(\tau) \cdot p_1(\Delta t)$$

$$\pi(t+\Delta t) = \pi(t) \cdot e^{-\lambda \Delta t} + \pi(t-\tau) \cdot e^{-\lambda \tau} \lambda \Delta t \cdot e^{-\lambda \Delta t}$$

Daraus folgt die Differentialgleichung

$$\boxed{\frac{d\pi(t)}{dt} = -\lambda\,[\pi(t) - \pi(t-\tau)\,e^{-\lambda \tau}]} \qquad \text{für } t \geq \tau.$$

Für $\tau \leq t \leq 2\tau$ bestimmt man $\pi(t)$ ausgehend von der vorhergehenden Gleichung, denn $\pi(t-\tau)$ ist für $\tau \leq t \leq 2\tau$ gleich $\pi(t)$ für $t \leq \tau$, und diese Funktion kennen wir schon.

Für $\tau \leq t \leq 2\tau$ gilt also

$$\frac{d\pi(t)}{dt} = -\lambda\,[\pi(t) - e^{-\lambda(t-\tau)}\,(1+\lambda(t-\tau))\,e^{-\lambda\tau}]$$

$$= -\lambda\,[\pi(t) - e^{-\lambda t}\,(1+\lambda(t-\tau))]$$

$$\frac{d\pi(t)}{dt} + \lambda\pi(t) = \lambda\,[1+\lambda(t-\tau)]\,e^{-\lambda t}$$

Die allgemeine Lösung der homogenen Gleichung ist

$$\pi(t) = C_2\,e^{-\lambda t}$$

Daraus folgt

$$C_2' = \lambda + \lambda^2(t-\tau)$$

$$C_2 = K_2 + \lambda t + \frac{\lambda^2(t-\tau)^2}{2}$$

$$\pi(t) = \left(K_2 + \lambda t + \frac{\lambda^2(t-\tau)^2}{2}\right)\,e^{-\lambda t}$$

ist die allgemeine Lösung der inhomogenen Gleichung.
Die gesuchte Lösung erhält man durch Berechnung von $\pi(\tau)$.

$$\pi(\tau) = (K_2 + \lambda t)\,e^{-\lambda \tau}$$

Andererseits folgt aus den Werten für $\pi(t)$ für $0 \leqslant t \leqslant \tau$, wenn man $t = \tau$ setzt,

$$\pi(\tau) = (1 + \lambda\tau)\, e^{-\lambda\tau}$$

Daraus schließt man auf $K_2 = 1$.

$$\boxed{\pi(t) = \left(1 + \lambda t + \frac{\lambda^2(t-\tau)^2}{2}\right) e^{-\lambda t}}$$

3. Um zu sehen, in welcher Form sich die Rekursion ergibt, berechnen wir $\pi(t)$ direkt für $2\tau \leqslant t \leqslant 3\tau$. Die für $t \geqslant \tau$ geltende Differentialgleichung liefert

$$\frac{d\pi(t)}{dt} + \lambda\pi(t) = \lambda\left[1 + \lambda(t-\tau) + \frac{\lambda^2(t-2\tau)^2}{2}\right] e^{-\lambda t}$$

Daraus folgt

$$C_3' = \lambda + \lambda^2(t-\tau) + \frac{\lambda^3(t-2\tau)^2}{2}$$

und

$$C_3 = K_3 + \lambda t + \frac{\lambda^2(t-\tau)^2}{2!} + \frac{\lambda^3(t-2\tau)^3}{3!}$$

$$\pi(t) = \left(K_3 + \lambda t + \frac{\lambda^2(t-\tau)^2}{2!} + \frac{\lambda^3(t-2\tau)^3}{3!}\right) e^{-\lambda t}$$

Nach Berechnung von $\pi(2\tau)$ erhält man $K_3 = 1$. Für $2\tau \leqslant t \leqslant 3\tau$ gilt also

$$\boxed{\pi(t) = \left(1 + \lambda t + \frac{\lambda^2(t-\tau)^2}{2!} + \frac{\lambda^3(t-2\tau)^3}{3!}\right) e^{-\lambda t}}$$

Dieses Ergebnis legt in der Tat die in der Angabe beschriebene Formel nahe. Man verifiziert die Gültigkeit der Formel leicht für die Fälle, die wir gerade untersucht haben.

Nehmen wir an, sie gelte auch für $(n-1)\,\tau \leqslant t \leqslant n\tau$. Wir zeigen, daß sie dann auch für $n\tau \leqslant t \leqslant (n+1)\,\tau$ gilt.

Nach der Induktionshypothese haben wir für $(n-1)\,\tau \leqslant t \leqslant n\tau$:

$$\pi(t) = \left[1 + \lambda t + \frac{\lambda^2(t-\tau)^2}{2!} + \ldots + \frac{\lambda^n(t-(n-1)\,\tau)^n}{n!}\right] e^{-\lambda t}$$

Also gilt für $n\,\tau \leqslant t \leqslant (n+1)\,\tau$:

$$\frac{d\pi(t)}{dt} + \lambda\pi(t) = \lambda\left[1 + \lambda(t-\tau) + \frac{\lambda^2(t-2\tau)}{2!} + \ldots + \frac{\lambda^n(t-n\tau)^n}{n!}\right] e^{-\lambda t}$$

Daraus folgt

$$C'_{n+1} = \lambda + \lambda^2(t-\tau) + \frac{\lambda^3(t-2\tau)}{2!} + \ldots + \frac{\lambda^{n+1}(t-n\tau)^n}{n!}$$

$$C_{n+1} = K_n + \lambda t + \frac{\lambda^2(t-\tau)^2}{2!} + \frac{\lambda^3(t-2\tau)^3}{3!} + \ldots + \frac{\lambda^{n+1}(t-n\tau)^{n+1}}{(n+1)!}$$

Man findet wieder $K_n = 1$.

$$C_{n+1} = C_n + \frac{\lambda^{n+1}(t-n\tau)^{n+1}}{(n+1)!}$$

Daraus folgt die angegebene Formel.

144

Aufgabe 4

Ein Versuch besteht darin, daß man vom Zeitpunkt t = 0 an das wiederholte Auftreten eines Phänomens A beobachtet.

$P(t_0, t_0 + h)$ sei die Wahrscheinlichkeit dafür, daß das Phänomen A im Zeitintervall

$$[t_0, t_0 + h] \qquad (t_0 \geqslant 0, h > 0)$$

genau einmal erscheint. $Q(t_0, t_0 + h)$ sei die Wahrscheinlichkeit dafür, daß im selben Intervall das Phänomen A nie erscheint.

Wir nehmen an:

$$P(t_0, t_0 + h) = [\alpha + \epsilon(h)] \cdot h$$
$$Q(t_0, t_0 + h) = 1 - [\alpha + \eta(h)] \cdot h$$

Darin bedeutet α eine von t_0 und von der Anzahl der zwischen 0 und t_0 aufgetretenen Phänomene A unabhängige Konstante. $\epsilon(h)$ und $\eta(h)$ sind Größen, die mit h gegen 0 streben.

1. Es wird gewünscht, von t = 0 an n aufeinander folgende Aufnahmen von A zu machen. Zu diesem Zweck löst eine geeignete Vorrichtung bei jedem Erscheinen von A einen Photoapparat aus und stoppt den Versuchsablauf unmittelbar nach dem n-ten Erscheinen von A.

Es bedeute T_n die Dauer des Versuchs.

$F_n(t)$ sei die Verteilungsfunktion und $f_n(t)$ die Wahrscheinlichkeitsdichte der Zufallsvariablen T_n.

a) Man zeige, daß für t > 0 und $n \geqslant 2$

$$f_n(t) = \int\limits_0^t f_{n-1}(u) \, f_1(t - u) \, du$$

Man leite einen Ausdruck für $f_n(t)$ und $F_n(t)$ für $t \in]-\infty, \infty[$ ab.

b) Man berechne den Erwartungswert und die Streuung der Zufallsvariablen T_n.

2. Man modifiziere den Versuch in der folgenden Weise. Eine neue Vorrichtung registriere die Zeit T_1, die vom Beobachtungsbeginn bis zum ersten Erscheinen von A verstreicht. Dieselbe Vorrichtung soll den Versuch dann im Zeitpunkt $t = nT_1$ abbrechen. Die Steuerung des Photoapparats geschehe wie früher.

a) Man bestimme die Wahrscheinlichkeit R(n) dafür, daß der Photoapparat n Aufnahmen vom Phänomen A macht. Man zeige, daß $\lim\limits_{n \to \infty} R(n) = 1/e$.

b) Man bestimme die Wahrscheinlichkeit $S_n(m)$ dafür, daß der Photoapparat gerade m Aufnahmen von A gemacht hat.

3. Man führe eine letzte Modifikation am Versuch durch. Eine neue Vorrichtung registriere die Zahl der aufeinander folgenden Erscheinungen eines Phänomens B, dessen Wahrscheinlichkeitsverteilung analog zu der von A mit β an Stelle von α ist. Wie früher löse die Vorrichtung bei jedem Erscheinen von A den Photoapparat aus. Der Versuchsablauf werde nach dem n-ten Erscheinen von B gestoppt.

a) Man bestimme die Wahrscheinlichkeit $S_n'(m)$, daß der Photoapparat genau m Aufnahmen von A macht.

b) Man bestimme die Wahrscheinlichkeit $R'(n)$ dafür, daß der Photoapparat mindestens n Aufnahmen vom Phänomen A macht. Man drücke das letzte Ergebnis in Form einer unendlichen Reihe aus. Man gebe die Werte von $R'(n)$ für

$$n = 4 \quad \alpha = 2\beta$$

an.

Bemerkung. Man benutze zur Rechnung das folgende Ergebnis:

$$\forall\, k \text{ ganzzahlig} \geqslant 0 \atop \forall\, a > 0 \qquad \int_0^\infty x^k \exp(-\alpha x)\, dx = \frac{k!}{\alpha^{k+1}}$$

Lösung

1. a) Nach den getroffenen Annahmen ist T_n die Summe aus der Zufallsvariablen T_{n-1} und einer von T_{n-1} unabhängigen Zufallsvariablen T_1', die dieselbe Verteilung hat wie T_1.

Für $n \geqslant 2$ dürfen wir daher schreiben:

$$f_n(t) = \int_{-\infty}^{+\infty} f_{n-1}(u)\, f_1(t-u)\, du$$

Nun gilt $W(T_1 < 0) = 0$ und $W(T_{n-1} < 0) = 0$. Daraus folgt

$$f_1(u) = 0 \text{ für } u < 0$$

$$f_{n-1}(u) = 0 \text{ für } u < 0.$$

Für festes positives t folgt daraus

$$f_{n-1}(u)\, f_1(t-u) = 0 \text{ für } u \notin [\![0, t]\!]$$

Wir haben daher

$$f_n(t) = \begin{cases} 0 & \text{für } t < 0 \\ \displaystyle\int_0^t f_{n-1}(u)\, f_1(t-u)\, du & \text{für } t > 0 \end{cases}$$

Berechnung von $F_1(t)$: Es gelte $t > 0$.

$$W(t \leqslant T_1 < t + h) = W(T_1 \geqslant t) \cdot W(T_1 < t + h / T_1 \geqslant t)$$

Es gilt

$$W(T_1 < t + h / T_1 \geqslant t) = 1 - Q(t, t + h) = [\alpha + \eta(h)]\, h$$

Daraus folgt

$$\frac{1}{h}[F_1(t + h) - F_1(t)] = [1 - F_1(t)] \cdot [\alpha + \eta(h)]$$

und wenn man h gegen 0 gehen läßt

$$F_1'(t) + \alpha F_1(t) = \alpha$$

Andererseits ist

$$F_1(t) = 1 - Q(0, t) = [\alpha + \eta(t)]\, t$$

und daraus ergibt sich

$$\lim_{t \to 0} F_1(1) = 0$$

Man erhält

$$F_1(t) = \begin{cases} 1 - \exp(-\alpha t) & \text{für } t > 0 \\ 0 & \text{für } t \leqslant 0 \end{cases}$$

und

$$f_1(t) = \begin{cases} \alpha \exp(-\alpha t) & t > 0 \\ 0 & t < 0 \end{cases}$$

$$f_2(t) = \int_0^t \alpha \exp(-\alpha u) \cdot \alpha \exp[-\alpha(t - u)]\, du = \alpha^2 t \exp(-\alpha t) \quad t > 0$$

$$f_3(t) = \int_0^t \alpha^2 u \exp(-\alpha u) \cdot \alpha \exp[-\alpha(t - u)]\, du = \alpha^3 \frac{t^2}{2} \exp(-\alpha t) \quad t > 0$$

Rekursiv beweist man leicht:

$$f_n(t) = \begin{cases} \alpha^n \dfrac{t^{n-1}}{(n-1)!} \exp(-\alpha t) & t > 0 \\[2ex] 0 & t \leqslant 0 \end{cases}$$

Daraus folgt

$$F_n(t) = \int_0^t \alpha^n \frac{u^{n-1}}{(n-1)!} \exp(-\alpha u)\, du$$

$$= \left[-\alpha^{n-1} \frac{u^{n-1}}{(n-1)!} \exp(-\alpha u) \right]_{u=0}^{u=1} + \int_0^t \alpha^{n-1} \frac{u^{n-2}}{(n-2)!} \exp(-\alpha u\, du)$$

$$F_n(t) = F_{n-1}(t) - \alpha^{n-1} \frac{t^{n-1}}{(n-1)!} \exp(-\alpha t)$$

Daraus folgt wieder durch Rekursion:

$$F_n(t) = F_1(t) - \left(\frac{\alpha t}{1!} + \frac{\alpha^2 t^2}{2!} + \ldots + \frac{\alpha^{n-1} t^{n-1}}{(n-1)!} \right) \exp(-\alpha t)$$

$$F_n(t) = 1 - \left(\sum_{k=0}^{n-1} \frac{(\alpha t)^k}{k!} \right) \exp(-\alpha t) \qquad t > 0$$

Die letzte Größe kann man in der Form

$$F_n(t) = 1 - \left[\exp \alpha t - \sum_{k=n}^{\infty} \frac{(\alpha t)^k}{k!} \right] \exp(-\alpha t)$$

schreiben. Also gilt

$$F_n(t) = \begin{cases} 1 - \exp(-\alpha t) \displaystyle\sum_{k=0}^{n-1} \frac{(\alpha t)^k}{k!} = \exp(-\alpha t) \displaystyle\sum_{k=n}^{\infty} \frac{(\alpha t)^k}{k!} & t > 0 \\[3ex] 0 & t < 0 \end{cases}$$

b) T_n ist die Summe von n unabhängigen Zufallsvariablen, von denen jede dieselbe Verteilung wie T_1 besitzt.

$$E(T_n) = n E(T_1)$$
$$\sigma^2(T_n) = n \sigma^2(T_1)$$

Es gilt

$$E(T_1) = \int_0^\infty t\alpha \exp(-\alpha t)\, dt = \frac{1}{\alpha}$$

$$\sigma^2(T_1) = \int_0^\infty t^2 \alpha \exp(-\alpha t)\, dt - \frac{1}{\alpha^2} = \frac{1}{\alpha^2}$$

$$\boxed{\quad E(T_n) = \frac{n}{\alpha} \qquad \sigma(T_n) = \frac{\sqrt{n}}{\alpha} \quad}$$

2. a) $R(n) = W(T_n < n T_1)$.

T_n ist keine von T_1 unabhängige Variable (da $W(T_n < T_1) = 0$). Aber T_n kann als Summe von T_1 und einer von T_1 unabhängigen Zufallsvariablen T'_{n-1} aufgefaßt werden, die dieselbe Verteilung wie T_{n-1} hat. Das Ereignis $T_n < n T_1$ ist äquivalent zu

$$T'_{n-1} < (n-1)\, T_1.$$

Es sei D der durch

$$0 < x < \infty; \quad 0 < y < (n-1)\, x$$

definierte Bereich der (x, y)-Ebene. Dann haben wir

$$W(T'_{n-1} < (n-1)\, T_1) = \iint_D f_{n-1}(y)\, f_1(x)\, dx\, dy$$

$$= \int_0^\infty \left\{ \alpha \exp(-\alpha x) \int_0^{(n-1)x} f_{n-1}(y)\, dy \right\} dx = \int_0^\infty \alpha \exp(-\alpha x)\, F_{n-1}[(n-1)\, x]\, dx$$

$$= \int_0^\infty \alpha \exp(-\alpha x) \left(1 - \exp[-\alpha(n-1)x] \sum_{k=0}^{n-2} \frac{[\alpha(n-1)x]^k}{k!}\right) dx$$

$$= 1 - \alpha \int_0^\infty \exp(-\alpha n x) \left(\sum_{k=0}^{n-2} \frac{[\alpha(n-1)x]^k}{k!}\right) dx$$

$$= 1 - \alpha \sum_{k=0}^{n-2} \frac{[\alpha(n-1)]^k}{k!} \frac{k!}{(\alpha n)^{k+1}} = 1 - \frac{1}{n} \sum_{k=0}^{n-2} \left(\frac{n-1}{n}\right)^k$$

$$= 1 - \frac{1}{n} \frac{1 - \left(\frac{n-1}{n}\right)^{n-1}}{1 - \frac{n-1}{n}} = \left(1 - \frac{1}{n}\right)^{n-1}$$

$$\boxed{R(n) = \left(1 - \frac{1}{n}\right)^{n-1}}$$

$$\lim_{n \to \infty} R(n) = \lim_{n \to \infty} \left[\left(1 - \frac{1}{n}\right)^n \cdot \frac{n}{n-1}\right] = \lim_{n \to \infty} \left(1 - \frac{1}{n}\right)^n = \frac{1}{e}$$

b) $\quad S_n(m) = W(T_m \leq n T_1 < T_{m+1})$.

Die Variablen T_m, T_1, T_{m+1} sind nicht unabhängig. Aber T_m kann als Summe von T_1 und einer von T_1 unabhängigen Variablen T'_{m-1} aufgefaßt werden, die dieselbe Verteilung wie T_{m-1} hat. T_{m+1} läßt sich auffassen als Summe von T_1, T'_{m-1} und T'_1, wobei T'_1 von den beiden ersten Variablen unabhängig ist und dieselbe Verteilung wie T_1 hat.

Das Ereignis $T_m \leq n T_1 < T_{m+1}$ ist äquivalent zu

$$(T'_{m-1} \leq (n-1) T_1) \cap (T'_1 > (n-1) T_1 - T'_{m-1})$$

Es sei D der durch

$$0 < x < \infty; \quad 0 < y < (n-1)x; \quad (n-1)x - y < z < \infty$$

definierte Raumbereich. Dann haben wir

$$S_n(m) = \iiint\limits_{D} f_1(x)\, f_{m-1}(y)\, f_1(z)\, dx\, dy\, dz$$

$$= \int\limits_0^{\infty} f_1(x) \left[\int\limits_0^{(n-1)x} f_{m-1}(y) \left(\int\limits_{(n-1)x-y}^{\infty} f_1(z)\, dz \right) dy \right] dx$$

$$= \int\limits_0^{\infty} f_1(x) \left[\int\limits_0^{(n-1)x} f_{m-1}(y)\, (1 - F_1((n-1)x - y))\, dy \right] dx$$

$$= \int\limits_0^{\infty} \alpha \exp(-\alpha x)$$

$$\times \left[\int\limits_0^{(n-1)x} \alpha^{m-1} \frac{y^{m-2}}{(m-2)!} \exp(-\alpha y) \exp[-\alpha(n-1)x + \alpha y]\, dy \right] dx$$

$$= \alpha^m \int\limits_0^{\infty} \exp(-n\alpha x) \frac{[(n-1)x]^{m-1}}{(m-1)!}\, dx$$

$$= \alpha^m \frac{(n-1)^{m-1}}{(m-1)!} \frac{(m-1)!}{(n\alpha)^m} = \frac{1}{n} \left(1 - \frac{1}{n} \right)^{n-1}$$

$$\boxed{\; S_n(m) = \frac{1}{n} \left(\frac{n-1}{n} \right)^{m-1} \;}$$

3. Wir bezeichnen durch $T_{a,m}$ (bzw. $T_{b,m}$) die Zeit, die vom Beobachtungsbeginn bis zur n-ten Erscheinung von A (bzw. B) verstreicht.

$$S_n'(m) = W(T_{a,m} \leqslant T_{b,n} < T_{a,m+1})$$

$T_{b,n}$ ist unabhängig von $T_{a,m}$ und $T_{a,m+1}$.

Andererseits läßt sich $T_{a,m+1}$ auffassen als Summe von $T_{a,m}$ und einer von $T_{a,m}$ unabhängigen Zufallsvariablen $T_{a,1}'$, die dieselbe Verteilung wie $T_{a,1}$ hat.

Das Ereignis $T_{a,m} \leqslant T_{b,n} < T_{a,m+1}$ ist äquivalent zu

$$(T_{a,m} \leqslant T_{b,n}) \cap (T_{a,1}' > T_{b,n} - T_{a,m})$$

Es sei D der durch

$$0 < x < \infty; \quad 0 < y < x; \quad x - y < z < \infty$$

definierte Raumbereich. Dann haben wir

$$S'_n(m) = \int\!\!\int\!\!\int_D f_{b,n}(x)\, f_{a,m}(y)\, f_{a,1}(z)\, dx\, dy\, dz$$

$$= \int_0^\infty \beta^n \frac{x^{n-1}}{(n-1)!}\, \exp(-\beta x)$$

$$\times \left[\int_0^x \alpha^m \frac{y^{m-1}}{(m-1)!} \exp(-\alpha y)\left(\int_{x-y}^\infty \alpha \exp(\alpha z)\, dz\right) dy\right] dx$$

$$= \int_0^\infty \beta^n \frac{x^{n-1}}{(n-1)!} \exp(-\beta x)\left[\int_0^x \alpha^m \frac{y^{m-1}}{(m-1)!} \exp(-\alpha y)\exp[-\alpha(x-y)]\, dy\right] dx$$

$$= \frac{\beta^n \alpha^m}{(n-1)!} \int_0^\infty x^{n-1} \exp[-(\alpha+\beta)x] \cdot \frac{x^m}{m!}\, dx$$

$$= \frac{\beta^n \alpha^m}{(n-1)!} \frac{1}{m!} \cdot \frac{(m+n-1)!}{(\alpha+\beta)^{m+n}}$$

$$\boxed{S'_n(m) = \frac{\beta^n \alpha^m}{(\alpha+\beta)^{m+n}} \cdot \frac{(m+n-1)!}{m!\,(n-1)!}}$$

b) $\quad R'(n) = \displaystyle\sum_{m=n}^{\infty} S'_n(m) = \frac{1}{(n-1)!}\left(\frac{\beta}{\alpha+\beta}\right)^n \sum_{m=n}^{\infty} \frac{(m+n-1)!}{m!}\left(\frac{\alpha}{\alpha+\beta}\right)^m$

Es gilt

$$\sum_{m=n}^{\infty} \frac{(m+n-1)!}{m!}\, x^m = \sum_{m=n}^{\infty} (m+n-1)(m+n-2)\ldots(m+1)\, x^m$$

$$= \frac{d^{n-1}}{dx^{n-1}} \sum_{m=n}^{\infty} x^{m+n-1} = \frac{d^{n-1}}{dx^{n-1}}\left(\frac{x^{2n-1}}{1-x}\right)$$

Dieses Ergebnis gilt für $|x| < 1$.

Außerdem gilt

$$\frac{d^{n-1}}{dx^{n-1}} \left[x^{2n-1} \cdot \frac{1}{1-x} \right]$$

$$= \sum_{k=0}^{n-1} C_{n-1}^{k} \frac{d^k}{dx^k} (x^{2n-1}) \cdot \frac{d^{n-k-1}}{dx^{n-k-1}} \left(\frac{1}{1-x} \right)$$

$$= \sum_{k=0}^{n-1} \frac{(n-1)!}{k!\,(n-1-k)!} \cdot \frac{(2n-1)!}{(2n-1-k)!} x^{2n-1-k} \frac{(n-1-k)!}{(1-x)^{n-k}}$$

$$= (n-1)!\,(2n-1)! \sum_{k=0}^{n-1} \frac{1}{k!\,(2n-1-k)!} \frac{x^{2n-1-k}}{(1-x)^{n-k}}$$

Wir setzen:

$$x = \frac{\alpha}{\alpha + \beta} \Rightarrow 1 - x = \frac{\beta}{\alpha + \beta}$$

$$R'(n) = \left(\frac{\beta}{\alpha + \beta} \right)^n \cdot (2n-1)! \sum_{k=0}^{n-1} \frac{1}{k!\,(2n-1-k)!} \frac{\left(\frac{\alpha}{\alpha+\beta} \right)^{2n-1-k}}{\left(\frac{\beta}{\alpha+\beta} \right)^{n-k}}$$

$$\boxed{R'(n) = \frac{1}{(\alpha+\beta)^{2n-1}} \sum_{k=0}^{n-1} C_{2n-1}^{k}\, \alpha^{2n-1-k}\, \beta^k}$$

Man beachte, daß die Größe

$$\sum_{k=0}^{n-1} C_{2n-1}^{k}\, \alpha^{2n-1-k}\, \beta^k$$

aus den n ersten (den höchsten Potenzen von entsprechenden) Gliedern in der Entwicklung von $(\alpha + \beta)^{2n-1}$ besteht.

Wenn $\alpha = \beta$, so ist

$$R'(n) = 1/2.$$

Man kann auch schreiben:

$$R'(n) = \left(\frac{\alpha}{\alpha + \beta}\right)^{2n-1} \sum_{k=0}^{n-1} C_{2n-1}^{k} \left(\frac{\beta}{\alpha}\right)^{k}$$

Für $n = 4$ und $\alpha = 2\beta$ erhält man

$$R'(4) = \left(\frac{2}{3}\right)^{7} \cdot \left[1 + 7 \cdot \frac{1}{2} + 21 \cdot \frac{1}{4} + 35 \cdot \frac{1}{8}\right]$$

$$\boxed{R'(4) = 0,8267}$$

154

Aufgabe 5

I. Zu Versuchsbeginn wird eine Fliege in den Raum gelassen. Im Augenblick 1 versucht man, die Fliege zu töten. Die Wahrscheinlichkeit dafür, daß das gelingt, ist p. Wenn im Augenblick 1 die Fliege nicht getötet wird, so versucht man es wieder im Augenblick 2 usw. Im Laufe der aufeinander folgenden Versuche bleibt die Wahrscheinlichkeit p konstant. Durch $q := 1 - p$ bezeichnen wir die Wahrscheinlichkeit für ein Entkommen der Fliege. Die Lebensdauer der Fliege ist eine Zufallsvariable T, deren mögliche Werte die positiven ganzen Zahlen sind.

1. Man bestimme $p_t := W(T = t)$ für beliebige positive ganze Zahlen t.

2. Man verifiziere, daß die für p_t gefundenen Werte eine Wahrscheinlichkeitsverteilung festlegen.

3. Man berechne den Erwartungswert für die Lebensdauer der Fliege.

II. Man nehme nun an, daß man vom Anfangszeitpunkt an dauernd versucht, die Fliege zu töten. Die Variable T, welche die Lebensdauer der Fliege beschreibt, ist dann eine stetige Variable, deren Werte in $[\![0, \infty]\!]$ liegen und F(t) ist ihre Verteilungsfunktion.

Nach Annahme ist die Wahrscheinlichkeit dafür, daß die Fliege im Intervall [t, t + dt] getötet wird, wenn man weiß, daß sie zum Zeitpunkt t noch am Leben ist, gleich

$$W[(t \leqslant T < t + dt)/(T \geqslant t)] = p \cdot dt$$

mit konstantem p.

1. Man zeige, daß F(t) die Lösung einer Differentialgleichung ist und gebe diese Gleichung an.

2. Man leite daraus die Verteilungsfunktion F(t) ab.

3. $\mu'_k(T)$ sei das Moment k-ter Ordnung bezüglich des Ursprungs. Man zeige, daß T Momente beliebiger Ordnung besitzt und berechne $\mu'_k(T)$ als Funktion von p und k.

$$\text{(Wir erinnern daran, daß } x! = \int_0^\infty e^{-u} u^x du.)$$

4. Mit welcher Wahrscheinlichkeit wird T größer als der Mittelwert?

5. Nach dem Tod der ersten Fliege lasse man eine zweite Fliege herein, die nach demselben Prozeß getötet werde wie die erste. Eine hungrige Eidechse frißt die toten Fliegen und wartet, bis man die nächste Fliege getötet hat.

a) Wie groß ist der Erwartungswert für die Wartezeit vom Versuchsbeginn an?

b) Die Wartezeit der Eidechse ist eine Zufallsvariable U, von der die Wahrscheinlichkeitsdichte gefragt ist.

Lösung

I.1. Die Versuchsbedingungen führen auf eine Pascalsche Verteilung.

$$p_t := W(T = t) = q^{n-1}p \text{ für alle positiven ganzen } t.$$

2. Es handelt sich um eine Wahrscheinlichkeitsverteilung:

$$\sum_{n=1}^{\infty} q^{n-1}p = \frac{p}{1-q} = 1$$

3. Nach Kapitel 4.2.3 ist der Erwartungswert $1/p$.

II.1. $\quad W[(t \leqslant T < t + dt)/(T \geqslant t)] = \dfrac{W[(t \leqslant T < t + dt) \cap (T \geqslant t)]}{W(T \geqslant t)} = p\, dt$

Es gilt

$$(t \leqslant T \leqslant t + dt) \cap (T \geqslant t) = (t \leqslant T \leqslant t + dt)$$

Daraus schließt man auf

$$\frac{F(t + dt) - F(t)}{1 - F(t)} = p \cdot dt$$

oder

$$\boxed{\frac{dF(t)}{dt} + pF(t) = p}$$

2. Die allgemeine Lösung der vorliegenden Gleichung ist:

$$F(t) = 1 + Ke^{-pt}$$

Für $t = 0$ gilt $F(0) = 0$, daher haben wir $K = -1$, und dies liefert

$$\boxed{F(t) = \begin{cases} 0 & \text{für } t \leqslant 0 \\ 1 - e^{-pt} & \text{für } t \geqslant 0 \end{cases}}$$

Für $t \to \infty$ gilt $F(t) \to 1$.

3. Die Wahrscheinlichkeitsdichte von T ist:

$$f(t) = \begin{cases} 0 & \text{für } t < 0 \\ p\,e^{-pt} & \text{für } t \geqslant 0 \end{cases}$$

$$\mu'_k(T) = \int\limits_0^\infty t^k p\,e^{-pt}\,dt = \frac{1}{p^k} \int\limits_0^\infty (pt)^k e^{-pt} d(pt)$$

Daraus folgt

$$\boxed{\mu'_k(T) = \frac{k!}{p^k}}$$

Es existieren also die Momente aller Ordnungen.

4. Die gesuchte Wahrscheinlichkeit ist:

$$W[T > E(T)] = \int\limits_{\mu'_1(T)}^\infty p\,e^{-pt}\,dt = e^{-p\mu_1} \qquad (E(T) = \mu'_1(T))$$

Wegen $\mu'_1 = 1/p$ gilt

$$\boxed{W[T > E(T)] = \frac{1}{e}}$$

5. Die Wartezeit ist eine Zufallsvariable, die sich als Summe der Variablen T_1 und T_2 auffassen läßt, wobei T_1 und T_2 dieselbe Verteilung wie T haben. Außerdem sind T_1 und T_2 unabhängig.

$$U = T_1 + T_2$$

Also haben wir

$$E(U) = E(T_1) + E(T_2) = 2\,E(T)$$

$$\boxed{E(U) = \frac{2}{p}}$$

6. Die Verteilungsfunktion von U ist

$$G(u) = \iint\limits_\Delta f(t_1) \cdot f(t_2)\,dt_1\,dt_2$$

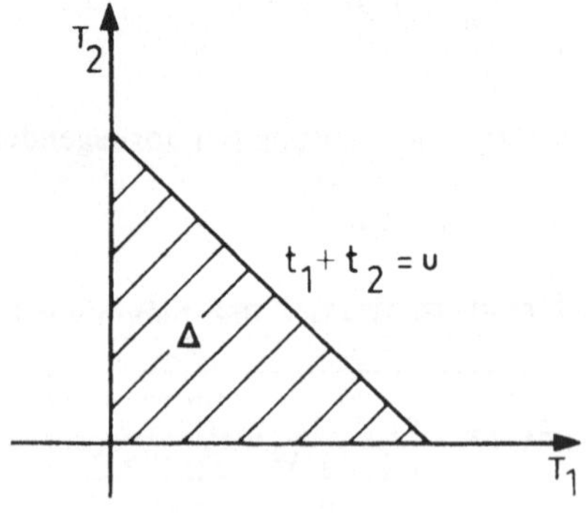

Bild A.4

wobei f(t) die Wahrscheinlichkeitsdichte von T ist.

$$G(u) = \int\limits_0^u \int\limits_0^{u-t_2} p^2 e^{-pt_1} e^{-pt_2} \, dt_1 \, dt_2$$

$$G(u) = \begin{cases} 0 & \text{für } t < 0 \\ 1 - (1 + pu)\, e^{-pu} & \text{für } t \geq 0 \end{cases}$$

Man verifiziert leicht $G(0) = 0$ und $G(u) \to 1$ für $u \to \infty$.

Die gesuchte Wahrscheinlichkeitsdichte ist:

$$g(u) = \begin{cases} 0 & \text{für } t < 0 \\ p^2 u e^{-pu} & \text{für } t \geq 0 \end{cases}$$

158

Aufgabe 6

Ein elektronisch gesteuerter Zeichenkopf bewegt sich längs der Linien eines Gitters mit
9 Punkten, das in Bild A.5 dargestellt ist. In jedem der 9 Punkte wählt er zufällig irgendeine unter den Richtungen, die dort gestattet sind. Die vom Punkt 0 ausgehenden vier
Richtungen haben daher die Wahrscheinlichkeit 1/4, vom Zeichenkopf gewählt zu werden. Die von einem Punkt A_i ausgehenden 3 Richtungen haben die Wahrscheinlichkeit
1/3, die von einem Punkt B_i ausgehenden 2 Richtungen die Wahrscheinlichkeit 1/2. Der
Übergang von einem Punkt des Gitters zu einem anderen werde als „Schritt" bezeichnet.

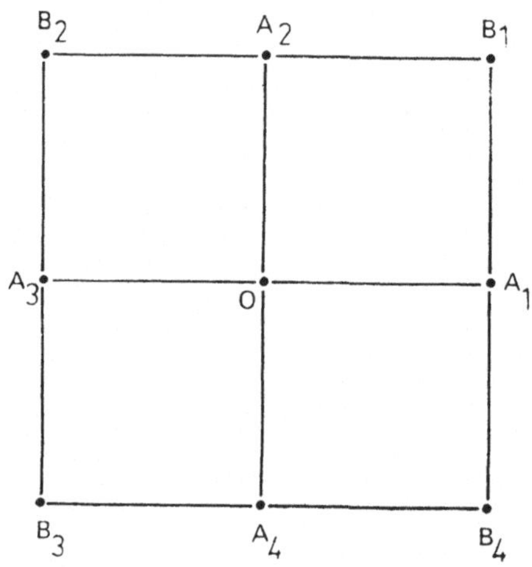

Bild A.5

Bild A.6 zeigt die Wahrscheinlichkeiten aller Schritte von allen möglichen Punkten aus.
Der Zeichner beginnt stets in 0.

1. Man weiß, daß der Zeichner in 0 beginnt, und interessiert sich nur für seine Rückkehr
nach 0, nicht aber für den dabei zurückgelegten Weg. Man konstruiere einen einfacheren
Graphen für dieses Problem, in dem nur drei Punkte aufscheinen.

2. Für eine positive ganze Zahl k sei P(k) die Wahrscheinlichkeit dafür, daß der Zeichenkopf nach k Schritten zum ersten Mal nach 0 zurückkommt.

a) Man zeige, daß $P(k) = 0$ für $k = 2n + 1, n \geqslant 0$.

b) Man berechne $P(2n)$. Man zeige, daß $P(2n)$ die Wahrscheinlichkeitsverteilung einer
diskreten Zufallsvariablen X ist, deren Wertebereich die Menge $\{2, 4, \ldots, 2n, \ldots\}$ ist.

c) Man berechne $E(X)$ und interpretiere das Ergebnis.

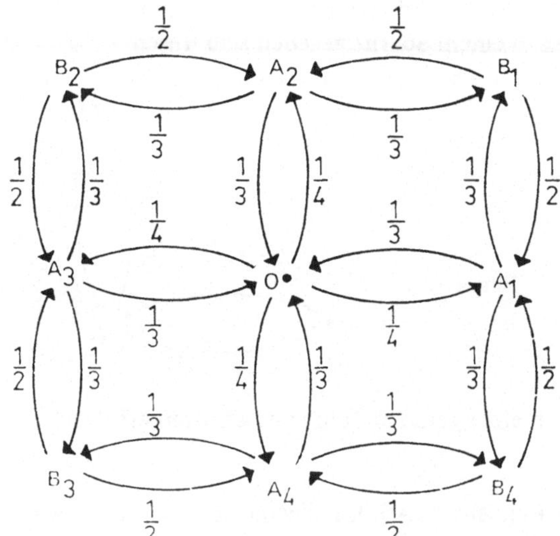

3. $Q_m(k)$ bezeichne die Wahrscheinlichkeit dafür, daß der Schreibkopf nach k Schritten m-mal zum Punkt 0 zurückgekommen ist.

a) Man zeige, daß $Q_m(2k + 1) = Q_m(2k)$.

b) Man gebe die Werte für $Q_m(2n)$ als Funktion von m und n an. Diese Werte bilden die Wahrscheinlichkeitsverteilung für eine Zufallsvariable Y_{2n}, welche angibt, wie oft bei einem Weg von 2n Schritten der Schreibkopf nach 0 zurückgekommen ist (der Ausgangspunkt 0 zählt nicht). Man leite daraus $Q_0(2n)$ ab.

c) Man gebe eine Rekursionsbeziehung zwischen $Q_1(2n)$ und $Q_1(2n - 2)$ an. Man bestimme eine Relation zwischen $Q_1(2n)$, $Q_1(2n - 2)$ und $P(2n)$. Man bestimme eine Relation zwischen $Q_1(2n)$ und $P(2n)$.

Lösung

1. Auf Grund der Hypothesen genügt es,

> den Mittelpunkt 0
> einen seitlichen Punkt A
> einen Eckpunkt B

zu betrachten.

Man erhält dann einen Graphen wie in Bild A.7, wo die Wahrscheinlichkeiten für den Übergang von einem Punkt zum anderen in einem Schritt gegeben sind durch.

$$W(0A) = W(BA) = 1$$

$$W(A0) = \frac{1}{3}$$

$$W(AB) = \frac{2}{3}$$

Bild A.7

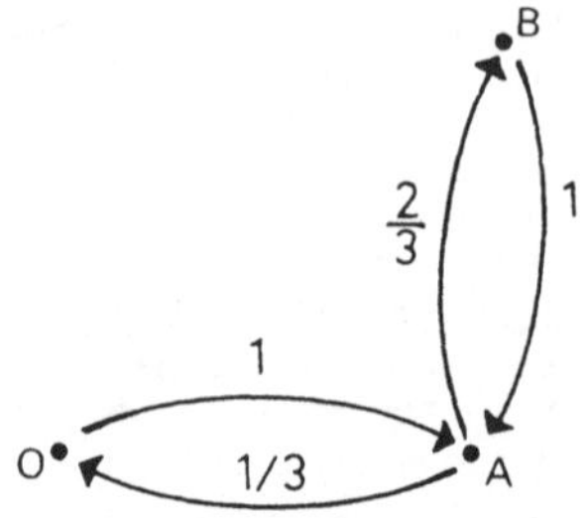

2. a) Die Rückkehr nach 0 kann nur nach einer geraden Zahl von Schritten erfolgen. Daher gilt $P(2n + 1) = 0$.

b) $P(2) = 1/3$, denn der einzig mögliche Weg ist 0A, A0. Im allgemeinen gilt: Um nach 2n Schritten nach 0 zurückzukehren muß der Schreibkopf den Übergang 0A, dann $(n - 1)$-mal die Übergänge AB, BA und schließlich den Übergang A0 durchführen.

$$P(2n) = 1 \times 1 \left(\times \frac{2}{3} \right)^{n-1} \times \frac{1}{3}$$

$$P(2n) = \frac{1}{3} \times \left(\frac{2}{3} \right)^{n-1}$$

Die möglichen Werte sind $(2, 4, \ldots, 2n, \ldots)$ und $P(2n)$ stellt eine Wahrscheinlichkeitsverteilung dar, da $\sum\limits_{n=1}^{\infty} P(2n) = 1$.

c) $\quad E(X) = \sum\limits_{n=1}^{\infty} 2n \cdot P(2n) = 2 \sum\limits_{n=1}^{\infty} n \cdot P(2n)$.

Es gilt $P(2n) = \frac{1}{3} \cdot \left(\frac{2}{3} \right)^{n-1}$ was mit $p: = 1/3$ und $q: = 2/3$ als $p \cdot q^{n-1}$ geschrieben werden kann. Man erkennt darin eine Pascalsche Verteilung für eine Zufallsvariable mit den Werten $\{1, 2, \ldots, k, \ldots\}$. Somit gilt

$$E(X) = 2 \sum\limits_{k=1}^{\infty} k \cdot p \cdot q^{k-1}$$

$$\sum_{k=1}^{\infty} k \cdot p \cdot q^{k-1} = \frac{1}{p}$$, da es sich um eine Zufallsvariable mit einer Pascalschen Verteilung

handelt.

$$E(X) = \frac{2}{p} \; ; \qquad \boxed{E(X) = 6}$$

Das bedeutet, daß der Schreibkopf, um zum ersten Mal nach 0 zurückzukommen „im Mittel 6 Schritte" ausführen muß.

3. a) $Q_m(2k)$ stellt die Wahrscheinlichkeit dafür dar, daß der Schreibkopf nach 2k Schritten m-mal nach 0 gekommen ist. Wegen $P(2k + 1) = 0$ schließt man auf $Q_m(2k + 1) = Q_m(2k)$.

b) Man erkennt einen Versuchstyp, der auf eine Zufallsvariable mit einer Binomialverteilung führt:

$$Q_m(2n) = \frac{n!}{m!\,(n-m)!} \left(\frac{1}{3}\right)^m \left(\frac{2}{3}\right)^{n-m}$$

Daraus schließt man:

$$Q_0(2n) = \left(\frac{2}{3}\right)^n$$

Dieses Ergebnis erhält man auch direkt, wenn man bedenkt, daß der Schreibkopf sich nach 2n Schritten in B befinden muß, nachdem er den folgenden Weg zurückgelegt hat: 0A, dann $(n-1)$-mal AB, BA, dann AB.

Daraus folgt

$$Q_0(2n) = 1 \times \left(1 \times \frac{2}{3}\right)^{n-1} \times \frac{2}{3} = \left(\frac{2}{3}\right)^n$$

c) Wir setzen $p: = \frac{1}{3}, \quad q: = \frac{2}{3}$.

$$Q_1(2n) = npq^{n-1}, \quad Q_1(2n-2) = (n-1)\,pq^{n-2}$$

$$Q_1(2n) = Q_1(2n-2) \cdot q + pq^{n-1}$$

$$Q_1(2n) = \frac{2}{3} Q_1(2n-2) + \frac{2^{n-1}}{3^n}$$

Wegen $P(2n) = pq^{n-1}$ erhält man:

$$Q_1(2n) = \frac{2}{3} Q_1(2n-2) + P(2n)$$

Schließlich findet man $Q_1(2n) = nP(2n)$.

162

Aufgabe 7

Ein Floh hüpft auf einer Ebene umher. Die Länge seiner Sprünge ist konstant und gleich δ.
Vom Ursprung 0 ausgehend springt er n-mal und wählt dabei für jeden Sprung zufällig
eine Richtung aus.

Die Koordinaten des Punktes, in dem sich der Floh nach n Sprüngen befindet, bilden
zwei Zufallsvariable X_n und Y_n. Deren mögliche Werte sind:

$$X_n: x = \sum_{i=1}^{n} \delta \cos \alpha_i \qquad Y_n: y = \sum_{i=1}^{n} \delta \sin \alpha_i$$

Die Winkel $\alpha_1, \alpha_2, \ldots, \alpha_n$ sind unabhängige Zufallsvariable, die alle gleichmäßig über
$[\![0, 2\pi]\!]$ verteilt sind. Wir wollen die Zufallsvariable $R_n = \sqrt{X_n^2 + Y_n^2}$ untersuchen, die
den Abstand vom Zentrum beschreibt.

I. Ohne Kenntnis der Wahrscheinlichkeitsverteilung von (X_n, Y_n):

1. Man zeige, daß die Variablen X_n und Y_n zentriert sind.
2. Man berechne die Varianzen von X_n und Y_n.
3. Man zeige, daß die Variablen X_n und Y_n unkorreliert sind. Sind sie auch unabhängig?
4. Man bestimme $E(R_n^2)$.

II. Man nehme an, daß n hinreichend groß ist und daß die Wahrscheinlichkeitsverteilungen
für X_n und Y_n angenähert Normalverteilungen sind. Wenn die Randvariablen eines
Variablenpaares normalverteilt und unkorreliert sind, so sind sie bekanntlich unabhängig:

1. Man bestimme die Näherung für die Dichte $f_n(x, y)$ des Paares (X_n, Y_n).

2. Man berechne die Näherung für die Dichte $g_n(r)$ der Variablen R_n.

3. Man berechne $E(R_n)$. Man schließe daraus auf den Abstand zwischen Floh und dem
Punkt 0, wenn n unbeschränkt wächst. Man zeige, daß dieses Ergebnis zu erwarten ist.

Lösung

I. – 1. $E(X_n) = E\left(\sum_{i=1}^{n} \delta \cos \alpha_i \right) = \delta \sum_{i=1}^{n} E(\cos \alpha_i).$

Daraus folgt

$$\boxed{E(X_n) = \frac{n\delta}{2\pi} \int_0^{2\pi} \cos \alpha \, d\alpha = 0}$$

und ebenso

$$E(Y_n) = \frac{n\delta}{2\pi} \int\limits_0^{2\pi} \sin\alpha \, d\alpha = 0$$

X_n und Y_n sind daher zentrierte Variable.

2. Wegen $E(X_n) = 0$ gilt $\sigma^2(X_n) = E(X_n^2)$

$$E(X_n^2) = E\left(\left[\sum_{i=1}^{n} \delta \cos\alpha_i\right]^2\right)$$

$$= E\left(\sum_{i=1}^{n} \delta^2 \cos^2\alpha_i + \sum_{\substack{i,j=1 \\ i \neq j}}^{n} \delta^2 \cos\alpha_i \cos\alpha_j\right)$$

$$E(X_n^2) = n\,\delta^2 E(\cos^2\alpha_i) + \delta^2 n(n-1) E(\cos\alpha_i \cdot \cos\alpha_j)$$

Da die α_i und α_j unabhängig sind:

$$E(\cos\alpha_i \cdot \cos\alpha_j) = E(\cos\alpha_i) \cdot E(\cos\alpha_j) = 0$$

$$E(X_n^2) = \frac{n\delta^2}{2\pi} \int\limits_0^{2\pi} \cos^2\alpha \, d\alpha$$

Man erhält also

$$\sigma^2(X_n) = \frac{1}{2} n\delta^2$$

Ebenso gilt

$$\sigma^2(Y_n) = \frac{1}{2} n\delta^2$$

3. Wir berechnen $E(X_n \cdot Y_n)$.

$$E(X_n \cdot Y_n) = E\left[\sum_{i=1}^{n}\sum_{j=1}^{n}\delta^2\sin\alpha_i\cos\alpha_j\right]$$

$$= n\delta^2 E(\sin\alpha_i\cos\alpha_i) + n(n-1)\delta^2 E(\sin\alpha_i\cos\alpha_j) \quad i\neq j$$

$$= \frac{n\delta^2}{2\pi}\int_0^{2\pi}\sin\alpha\cos\alpha\,d\alpha + n(n-1)\delta^2 E(\sin\alpha_i)\,E(\cos\alpha_j) = 0$$

Daraus folgt $\boxed{\rho = 0.}$

Die Variablen X_n und Y_n sind also unkorreliert.

Was die Unabhängigkeit von X_n und Y_n betrifft, so erinnere man sich an die Definition. X_n und Y_n sind unabhängig, wenn für beliebige Intervalle I_1 und I_2 die Ereignisse $X_n \in I_1$ und $Y_n \in I_2$ unabhängig sind, was man ausdrückt durch:

$$W[(X_n \in I_1) \cap (Y_n \in I_2)] = W(X_n \in I_1) \cdot W(Y_n \in I_2)$$

Rekursiv kann man zeigen, daß diese Beziehung nicht gilt.

Für $n = 1$ nehmen wir:

$$I_1 = \left[0, \frac{\delta\sqrt{2}}{2}\right] \text{ auf der x-Achse}$$

$$I_2 = \left[0, \frac{\delta\sqrt{2}}{2}\right] \text{ auf der y-Achse}$$

$$W(X_1 \in I_1) \neq 0 \text{ und ebenso } W(Y_n \in I_2) \neq 0$$

Es gilt aber

$$X_1 = \delta\cos\alpha; \quad \text{das Ereignis } (0 \leqslant X_1 \leqslant \frac{\delta\sqrt{2}}{2}) = \left(\frac{\pi}{4} < \alpha < \frac{\pi}{2}\right) \cup \left(-\frac{\pi}{2} < \alpha < -\frac{\pi}{4}\right)$$

$$Y_1 = \delta\sin\alpha; \quad \text{das Ereignis } (0 \leqslant Y_1 \leqslant \frac{\delta\sqrt{2}}{2}) = \left(|\alpha| < \frac{\pi}{4}\right)$$

Daraus folgt

$$W[(X_1 \in I_1) \cap (Y_1 \in I_2)] = 0$$

Wir nehmen nun an, die Variablen X_{n-1} und Y_{n-1} seien nicht unabhängig. Vom Punkt M_{n-1} ausgehend zeigt man auf dieselbe Weise, daß dann auch X_n und Y_n nicht unabhängig sind.

4. $R_n^2 = X_n^2 + Y_n^2$

$E(R_n^2) = E(X_n^2 + Y_n^2) = E(X_n^2) + E(Y_n^2)$

$$\boxed{E(R_n^2) = n\delta^2}$$

II.1. Wenn n hinreichend groß ist, so kann man X_n durch eine Normalverteilung mit dem Mittelwert 0 und der Streuung $\delta \sqrt{\frac{n}{2}} : N\left(0, \delta \sqrt{\frac{n}{2}}\right)$ angenähert beschreiben. Die entsprechende Wahrscheinlichkeitsdichte ist:

$$\frac{1}{\sqrt{2\pi}\,\delta \sqrt{\frac{n}{2}}} \exp\left(-\frac{x^2}{n\delta^2}\right) = \frac{1}{\delta \sqrt{n\pi}} \exp\left(-\frac{x^2}{n\delta^2}\right)$$

·Für Y_n lautet die entsprechende Näherung:

$$\frac{1}{\delta \sqrt{n\pi}} \exp\left(-\frac{y^2}{n\delta^2}\right)$$

Wenn n groß genug ist, so sind X_n und Y_n zwei unkorrelierte normalverteilte Variable. Sie dürfen daher in diesem Fall als unabhängig betrachtet werden.

Die Näherung für die Dichte des Paares (X_n, Y_n) lautet:

$$f_n(x, y) := \frac{1}{n\pi\delta^2} \exp\left(-\frac{x^2 + y^2}{n\delta^2}\right)$$

2. Es sei

$$G_n(r) := W(R < r) = \iint\limits_C f_n(x, y)\, dx\, dy$$

wobei C einen Kreis mit dem Mittelpunkt 0 und dem Radius r bedeute.

$$G_n(r) = \frac{1}{n\pi\delta^2} \iint\limits_C \exp\left(-\frac{x^2 + y^2}{n\delta^2}\right) dx\, dy$$

Mit der Variablentransformation

$$\left.\begin{array}{l} x := \rho \cos\theta \\ y := \rho \sin\theta \end{array}\right\} \quad \text{geht C über in das Rechteck} \quad D \left\{\begin{array}{l} 0 \leqslant \rho \leqslant r \\ 0 \leqslant \theta \leqslant 2\pi \end{array}\right.$$

$$G_n(r) = \frac{1}{n\pi\delta^2} \int\limits_0^{2\pi} d\theta \int\limits_0^r \exp\left(-\frac{\rho^2}{n\delta^2}\right) \rho\, d\rho = \frac{2}{n\delta^2} \int\limits_0^r \exp\left(-\frac{\rho^2}{n\delta^2}\right) \rho\, d\rho$$

Daraus folgt

$$g_n(r) = \frac{2r}{n\delta^2}\, e^{-\frac{r^2}{n\delta^2}}$$

3. $$E(R_n) = \frac{2}{n\delta^2} \int\limits_0^\infty r^2 \exp\left(-\frac{r^2}{n\delta^2}\right) dr = \frac{\delta}{2}\sqrt{n\pi}$$

$E(R_n)$ strebt mit n gegen Unendlich. Der Abstand nimmt im Mittel mit zunehmender Anzahl von Sprüngen zu.

Tatsächlich ist in jedem Punkt M mit endlichem Abstand vom Ausgangspunkt 0 die Wahrscheinlichkeit dafür, daß sich der Floh von 0 entfernt, größer als die Wahrscheinlichkeit dafür, daß er sich 0 nähert.

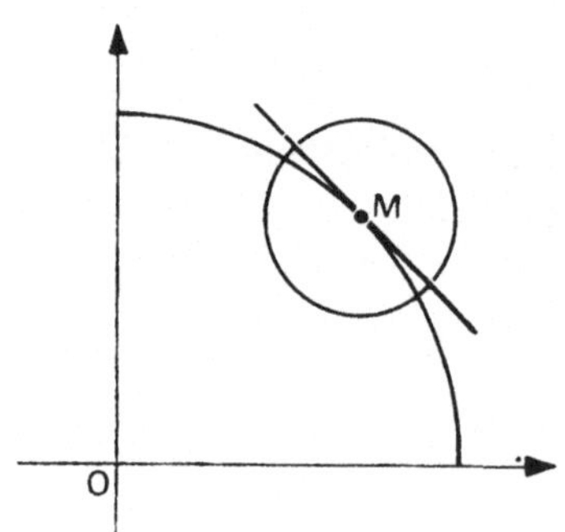

Bild A.8

Aufgabe 8

Bei einer gewissen Nährlösung schätzt man, daß zum Zeitpunkt t n Bakterien am Leben sind. Man trifft die folgenden Annahmen:

a) Die Wahrscheinlichkeit dafür, daß zwischen t und t + dt ein neues Bakterium entsteht, ist gleich λ_n dt.

b) Die Wahrscheinlichkeit dafür, daß zwischen t und t + dt ein Bakterium stirbt, ist gleich μ_n dt.

c) Die Wahrscheinlichkeit dafür, daß zwischen t und t + dt mehrere Bakterien entstehen oder absterben, ist gleich Null.

d) Die Koeffizienten λ_n und μ_n sind Funktionen von n und unabhängig von t. Falls die Anzahl der Bakterien n − 1 oder n + 1 ist, stelle man die Koeffizienten durch λ_{n-1}, μ_{n-1} bzw. λ_{n+1}, μ_{n+1} dar.

1. Man bestimme die Wahrscheinlichkeit dafür, daß die Anzahl der Bakterien im Intervall $[\![t, t + dt]\!]$ konstant (gleich n) bleibt.

2. $P_n(t)$ bezeichne die Wahrscheinlichkeit dafür, daß im Zeitpunkt t genau n Bakterien vorhanden sind. Man bestimme die Wahrscheinlichkeit $P_n(t + dt)$ als Funktion von $P_{n-1}(t)$, $P_n(t)$ und $P_{n+1}(t)$. Man schließe daraus auf die Differentialgleichung, der $P_n(t)$ genügt.

Es sei in der Folge vorausgesetzt, daß die Koeffizienten λ_n und μ_n proportional n sind. Dann gilt also

$$\lambda_n = n\lambda$$

$$\mu_n = n\mu$$

wobei λ und μ Konstanten sind. Man bestimme die neue Form der Differentialgleichung.

3. Man führe eine erzeugende Funktion $\Phi(z, t)$ ein, die definiert sei durch:

$$\Phi(z, t) = \sum_{n=0}^{\infty} P_n(t)\, z^n \quad \text{(z ist eine formale Variable)}$$

Man zeige, daß die Funktion $\Phi(z, t)$, wenn $P_n(t)$ für beliebige n der vorausgehenden Differentialgleichung genügt (ausgenommen für n = 0) eine Lösung der folgenden partiellen Differentialgleichung ist:

$$\frac{\partial\Phi}{\partial t} = (z - 1)(\lambda z - \mu)\frac{\partial\Phi}{\partial z}$$

4. Man bestimme das charakteristische System der obigen partiellen Differentialgleichung.
Man unterscheide:

a) Fall $\lambda \neq \mu$. Man beweise, daß das Ergebnis die Form

$$\Phi(z, t) = f\left(\frac{\mu - \lambda z}{1 - z} \, e^{-(\lambda - \mu)t}\right)$$

hat, worin f eine willkürliche Funktion einer Variablen bedeutet.

b) Fall $\lambda = \mu$. Der gemeinsame Wert von λ und μ werde durch ρ bezeichnet. Man beweise,
daß das Ergebnis die Form

$$\Phi(z, t) = f\left(\frac{1}{\rho(z - 1)} - t\right)$$

hat, worin f eine willkürliche Funktion einer Variablen bedeutet.

5. Wenn zum Zeitpunkt $t = 0$ m Bakterien vorhanden waren, welchen Wert hat dann
$\Phi(z, 0)$. Man bestimme daraus f.

a) wenn $\lambda \neq \mu$, so setze man $\xi = \dfrac{\mu - \lambda z}{1 - z}$,

b) wenn $\lambda = \mu$, so setze man $\xi = \dfrac{1}{\rho(z - 1)}$.

6. Man schließe aus dem obigen Ergebnis auf die Form von $\Phi(z, t)$:

a) Wenn $\lambda \neq \mu$,

b) wenn $\lambda = \mu = \rho$.

7. Gegeben sei $\lambda = \mu = \rho$. Zum Zeitpunkt $t = 0$ sei nur eine einzige Bakterie vorhanden
$(m = 1)$.

Man berechne die Werte von $P_0(t), P_1(t), \ldots, P_n(t), \ldots$ Was kann man daraus für
$t \to \infty$ schließen?

Lösung

1. A sei das Ereignis: Im Intervall $[\![t, t + dt]\!]$ entsteht ein Bakterium.
   B sei das Ereignis: Im Intervall $[\![t, t + dt]\!]$ stirbt ein Bakterium.
   C sei das Ereignis: Die Anzahl der Bakterien bleibt im Intervall $[\![t, t + dt]\!]$ gleich n.
Dann haben wir

$$W(C) = W[(A \cap B) \cup (\bar{A} \cap \bar{B})]$$

$$= W(A \cap B) + W(\bar{A} \cap \bar{B})$$

$$W(C) = \lambda_n \, dt \cdot \mu_n \, dt + (1 - \lambda_n \, dt)(1 - \mu_n \, dt)$$

$$\boxed{W(C) = 1 - (\lambda_n + \mu_n) \, dt + 2\lambda_n\mu_n \, dt^2} \tag{A.1}$$

2. $P_n(t + dt)$ ist die Wahrscheinlichkeit für das Ereignis: „Zum Zeitpunkt $t + dt$ sind n Bakterien vorhanden". Dieses Ereignis ist die Vereinigung der drei folgenden unverträglichen Ereignisse:

a) Zum Zeitpunkt t waren n Bakterien vorhanden und ihre Zahl blieb zwischen t und $t + dt$ konstant.

b) Zum Zeitpunkt t gab es $n - 1$ Bakterien und im Intervall $[\![t, t + dt]\!]$ ist ein Bakterium entstanden und keines gestorben.

c) Zum Zeitpunkt t gab es $n + 1$ Bakterien und im Intervall $[\![t, t + dt]\!]$ starb ein Bakterium und kein neues entstand.

Daraus läßt sich schließen:

$$P_n(t + dt) = [1 - (\lambda_n + \mu_n)\, dt + 2\lambda_n\mu_n\, dt^2]\, P_n(t)$$
$$+ \lambda_{n-1}\, dt\, (1 - \mu_{n-1}\, dt)\, P_{n-1}(t)$$
$$+ \mu_{n+1}\, dt\, (1 - \lambda_{n+1}\, dt)\, P_{n+1}(t)$$

Dies führt auf

$$P'_n(t) = \lambda_{n-1}\, P_{n-1}(t) + \mu_{n+1}\, P_{n+1}(t) - (\lambda_n + \mu_n)\, P_n(t)$$

Mit $\lambda_n = n\lambda$ und $\mu_n = n\mu$ erhält man:

$$\boxed{P'_n(t) = (n - 1)\, \lambda \cdot P_{n-1}(t) + (n + 1)\, \mu \cdot P_{n+1}(t) - n(\lambda + \mu)\, P_n(t)} \tag{A.2}$$

3. Die erzeugende Funktion ist definiert durch:

$$\Phi(z, t) = \sum_{n=0}^{\infty} P_n(t)\, z^n \tag{A.3}$$

$$\frac{\partial \Phi}{\partial t} = \sum_{n=0}^{\infty} P'_n(t)\, z^n$$

Nach (A.2) gilt

$$\frac{\partial \Phi}{\partial t} = \sum_{n=0}^{\infty} \left[(n-1)\,\lambda P_{n-1}(t) + (n+1)\,\mu P_{n+1}(t) - n(\lambda + \mu)\,P_n(t) \right] z^n$$

$$\frac{\partial \Phi}{\partial z} = \sum_{n=1}^{\infty} P_n(t)\, n \cdot z^{n-1}$$

$$(z-1)(\lambda z - \mu)\frac{\partial \Phi}{\partial z} = [\lambda z^2 - (\lambda + \mu)z + \mu] \sum_{n=1}^{\infty} P_n(t)\, nz^{n-1} \tag{A.4}$$

Der Koeffizient von z^n in $\partial \Phi/\partial t$ ist also durch die rechte Seite der Gleichung (A.2) gegeben.

Der Koeffizient von z^n im Ausdruck $(z-1)(\lambda z - \mu)\,\partial \Phi/\partial z$ ist durch (A.4) bestimmt.

λz^2 ist mit dem Glied in z^{n-2} von $\partial \Phi/\partial z$ zu multiplizieren. Dieses lautet

$$P_{n-1}(t)(n-1)z^{n-2}.$$

Wir haben daher bereits $(n-1)\,\lambda P_{n-1}(t)\,z^n$.

$-(\lambda + \mu)z$ ist mit dem Glied in z^{n-1} von $\partial \Phi/\partial z$ zu multiplizieren. Dieses lautet $nP_n(t)z^{n-1}$. Es ist daher hinzuzufügen: $-n(\lambda + \mu)P_n(t)z^n$.

Schließlich ist μ mit dem Glied in z^n von $\partial \Phi/\partial z$ zu multiplizieren. Dieses lautet

$$(n+1)\,P_{n+1}(t)\,z^n$$

und das gibt: $(n+1)\,\mu\,P_{n+1}(t)\,z^n$.

Man findet so

$$[(n-1)\,\lambda P_{n-1}(t) + (n+1)\,\mu P_{n+1}(t) - n(\lambda + \mu)P_n(t)]z^n$$

und dies ist das Glied vom Grade n bezüglich z in $\partial \Phi/\partial t$.

Außer im Fall $n = 0$ (wo es keine Bakterien gibt) ist dadurch die Identität der beiden Reihen gliedweise nachgewiesen und $\Phi(z, t)$ genügt der partiellen Differentialgleichung

$$\frac{\partial \Phi}{\partial t} = (z-1)(\lambda z - \mu)\frac{\partial \Phi}{\partial z} \tag{A.5}$$

4. Das charakteristische System der Gleichung (A.4) lautet:

$$\frac{dt}{1} = \frac{dz}{(z-1)(\mu - \lambda z)} = \frac{\partial \Phi}{0} \tag{A.6}$$

Also ist $d\Phi = 0$. Das führt auf ein erstes Integral $\Phi = C_1$ mit einer Konstanten C_1.

Ein weiteres erstes Integral erhält man durch Integration der gegebenen Differentialgleichung nach der ersten Gleichung in (A.6)

$$t = \int \frac{dz}{(z-1)(\mu - \lambda z)}$$

Eine Partialbruchzerlegung führt auf

$$t = \frac{1}{\mu - \lambda} \int \frac{dz}{z-1} + \frac{\lambda}{\mu - \lambda} \int \frac{dz}{\mu - \lambda z}$$

a) Man nehme $\mu \neq \lambda$ an.

$$t = \frac{1}{\mu - \lambda} \ln (z-1) - \frac{1}{\mu - \lambda} \ln (\mu - \lambda z) + \ln C_2$$

C_2 ist dabei eine neue Konstante.

$$\ln C_2 = \ln \frac{\mu - \lambda z}{z - 1} (\lambda - \mu) t$$

$$C_2 = \frac{\mu - \lambda z}{z - 1} e^{-(\lambda - \mu) t}$$

Das allgemeine Integral von (A.5) ist also $\psi (C_1, C_2) = 0$, wobei ψ eine beliebige Funktion ist. Man erhält so:

$$\Phi(z, t) = f \left(\frac{\mu - \lambda z}{1 - z} e^{-(\lambda - \mu) t} \right) \tag{A.7}$$

worin f eine willkürliche Funktion einer einzigen Variablen ist.

b) Wir untersuchen nun den Fall $\lambda = \mu = \rho$.

$$\frac{dt}{1} = \frac{dz}{(z-1)(\rho - \rho z)} = \frac{-dz}{\rho (1-z)^2}$$

$$t = -\frac{1}{\rho} \int \frac{dz}{(1-z)^2} + C_2$$

$$C_2 = \frac{1}{\rho (z-1)} - t$$

Man gelangt so zum allgemeinen Integral

$$\Phi(z, t) = f\left(\frac{1}{\rho(z-1)} - t\right) \tag{A.8}$$

worin f eine willkürliche Funktion einer einzigen Variablen bedeutet.

5. Zum Zeitpunkt t = 0 gebe es m Bakterien. Daraus folgt $P_m(0) = 1$ und $P_k(0) = 0$ für $k \neq m$.

$$\Phi(z, 0) = z^m$$

a) $\lambda \neq \mu$

$$f\left(\frac{\mu - \lambda z}{1 - z}\right) = z^m$$

Die einzige in f vorkommende Variable werde durch ξ bezeichnet:

$$\xi = \frac{\mu - \lambda z}{1 - z}$$

Daraus ergibt sich

$$f(\xi) = \left(\frac{\mu - \xi}{\lambda - \xi}\right)^m \tag{A.9}$$

b) $\lambda = \mu = \rho$

$$f\left(\frac{1}{\rho(z-1)}\right) = z^m \quad \text{diesmal setzen wir } \xi = \frac{1}{\rho(z-1)}$$

Man erhält

$$f(\xi) = \left(\frac{1 + \rho\xi}{\rho\xi}\right)^m \tag{A.10}$$

6. Es handelt sich um die Bestimmung der Form von $\Phi(z, t)$ für beliebige t.

a) $\lambda \neq \mu$

$$\xi = \frac{\mu - \lambda z}{1 - z} e^{-(\lambda-\mu)t} \quad \text{und} \quad f(\xi) = \left(\frac{\mu - \xi}{\lambda - \xi}\right)^m$$

$$\Phi(z, t) = \left[\frac{\mu - \dfrac{\mu - \lambda z}{1 - z} e^{-(\lambda-\mu)t}}{\lambda - \dfrac{\mu - \lambda z}{1 - z} e^{-(\lambda-\mu)t}}\right]^m$$

$$\Phi(z, t) = \left[\frac{\mu(1 - e^{(\lambda-\mu)t}) - z(\lambda - \mu e^{(\lambda-\mu)t})}{\mu - \lambda e^{(\lambda-\mu)t} - \lambda z(1 - e^{(\lambda-\mu)t})}\right]^m$$

b) $\lambda = \mu = \rho$

$$\xi = \frac{1}{\rho\,(z-1)} - t \quad \text{und} \quad f(\xi) = \left(\frac{1 + \rho\xi}{\rho\xi}\right)^m$$

Daraus folgt

$$\Phi(z, t) = \left[\frac{z - \rho\,(z-1)\,t}{1 - \rho\,(z-1)\,t}\right]^m$$

7. $m = 1$ also gilt $\displaystyle \Phi(z, t) = \frac{z - \rho\,(z-1)\,t}{1 - \rho\,(z-1)\,t} \equiv \sum_{n=0}^{+\infty} P_n(t)\,z^n$

$$z = 0 \Rightarrow \Phi(0, t) = P_0(t) = \frac{\rho t}{1 + \rho t}$$

Wir haben

$$\boxed{P_0(t) = \frac{\rho t}{1 + \rho t}}$$

Für $n \geqslant 1$ gilt

$$\frac{\partial \Phi}{\partial z}(z, t) = \frac{1}{[1 + \rho\,(z-1)\,t]^2} \equiv \sum_{n=1}^{+\infty} P_n(t)\,n z^{n-1}$$

$$\equiv \frac{1}{(1 + \rho t)^2} \; \frac{1}{\left(1 - \dfrac{\rho t}{1 + \rho t}\,z\right)^2} \equiv \frac{1}{(1 + \rho t)^2} \sum_{n=1}^{+\infty} n \left(\frac{\rho t}{1 + \rho t}\right)^{n-1} z^{n-1}$$

wegen

$$\frac{1}{(1 - u)^2} = \sum_{n=1}^{+\infty} n\,u^{n-1}$$

Für $n \geqslant 1$ haben wir also:

$$\boxed{P_n(t) = \frac{(\rho t)^{n-1}}{(1 + \rho t)^{n+1}}}$$

$P_n(t) \to 0$ für $t \to \infty$ für beliebige $n \geqslant 1$. Die Nährlösung tendiert dazu, die Bakterien absterben zu lassen.

Die Wahrscheinlichkeit

Eine Einführung in die Wahrscheinlichkeitsrechnung und Statistik

Von Samuel Goldberg
(Probability — An Introduction, dt.) Aus dem Englischen über-
setzt von K. Wigand. Mit 30 Abbildungen und 44 Tabellen.
3., unveränd. Auflage. — Braunschweig: Vieweg 1972. VIII,
324 Seiten. DIN A 5. Gebunden.
ISBN 3 528 08176 7

*Aus dem Inhalt: Mengen — Wahrscheinlichkeit in endlichen
Ereignisräumen — Kombinatorik — Zufallsveränderliche (Zu-
fallsvariable) — Binomialverteilung und einige Anwendungen —
Literatur — Sachwortverzeichnis (mit Angabe der englischen
Fachwörter).*

In moderner Weise werden der Mengenbegriff und die neue
Funktionsauffassung zur Grundlage der Wahrscheinlichkeits-
lehre gemacht. Die ideale Verbindung von Theorie und Praxis
macht das Buch für ein Selbststudium geeignet, für das zahlreiche Übungen — davon die Hälfte mit Lösungen — beigege-
ben sind. Es werden dazu nur ausreichende Kenntnisse der
Algebra, nicht aber der Infinitivrechnung vorausgesetzt.

» vieweg

Logik und Grundlagen der Mathematik

Herausgegeben von Dieter Rödding

Eine Buchreihe für Wissenschaftler, Studenten und interessierte Laien.

Der thematische Rahmen umfaßt: Beiträge zur Begründung der Mathematik im weitesten Sinne, Veröffentlichungen zu Grundlagenproblemen der Mathematik unter dem Gesichtspunkt der mathematischen Logik und Einzeldarstellungen aus dem Gebiet der mathematischen Logik.

Neben Werken deutscher Autoren erscheinen Übersetzungen ausländischer insbesondere angelsächsischer, französischer und osteuropäischer Fachliteratur, die damit erstmals dem deutschsprachigen Leser zugänglich gemacht wird.

Band 1:   Félix, Elementarmathematik in moderner Darstellung

Band 2:   Sinowjew, Über mehrwertige Logik

Band 3:   Whitesitt, Boolesche Algebra und ihre Anwendungen

Band 4:   Choquet, Neue Elementargeometrie

Band 5:   Monjallon, Einführung in die moderne Mathematik

Band 6:   Jablonski u. a., Boolesche Funktionen und Postsche Klassen

Band 7:   Sinowjew, Komplexe Logik

Band 8:   Dieudonné, Grundzüge der modernen Analysis

Band 9:   Gastinel, Lineare numerische Analysis

Band 10: W. V. O. Quine, Mengenlehre und ihre Logik

Band 11: Serre, Lineare Darstellung endlicher Gruppen

Band 12: Schafarewitsch, Grundzüge der algebraischen Geometrie

vieweg